U0565056

优雅的汉语

中文经典100句

兵法

季旭昇

总策划

公孙策

著

上海三联书店

目录

● 百战不殆（胜负）

生聚教训（将道）

奇正相生（无穷）

攻守有度（掌握）

兵法贵在实战，名句贵在实用

公孙策

　　书原先的目标是《孙子兵法》，可是《孙子》全书不过万把字，尽管字字珠玑，抽取一百句，实无异于全书解读，但却又不是全文，因而决定撷取历代兵书中之名句，仍以《孙子》为主干，选择《经典一〇〇句》，著成本书。

　　本书所采撷母本，主要是《武经七书》，这是宋神宗时官方颁行的兵学经书，包括：

　　《孙子兵法》：春秋时，吴国人孙武撰。最初分为八十二章，经曹操删节后，并为十三章，即今日流传之通本。

　　《吴子兵法》：战国时，魏将吴起撰，自古即与《孙子兵法》齐名。

　　《司马法》：可能是中国最古老的兵书，源自周朝"司马之法"，亦即当时的军事操典。春秋齐国名将田穰苴，因战功彪炳被后人尊称为"司马穰苴"，战国时齐威王命人辑成《司马穰苴兵法》，后世称《司马法》。

　　《六韬》：相传是姜太公吕望所撰，但考其用字、文风，当于战国时期成书。分为文、武、龙、虎、豹、犬等"六韬"，计六十篇，本书引述名句出处，系用其篇名。

《三略》：即传说中的《黄石公兵法》，亦即《史记》中脍炙人口的"黄石公三弃履"考验张良的故事中，黄石公授给张良的三卷兵书。但《史记》上说那是《太公兵法》，亦即《三略》也是假托姜太公的兵书。

《尉缭子》：战国末期魏国人尉缭撰，尉缭得秦王政（秦始皇）重用，此书堪称"春秋战国时期兵书的总结性论著"，所论范围极广，内容丰富。

《唐太宗李卫公问对》：唐朝名将李靖撰，系唐太宗李世民与李靖讨论用兵之道的对话纪录，对兵法中"奇正之变"与阵法运用，讨论甚详。

除了《武经七书》之外，还包括几本重要兵书：

《齐孙子》：相传是战国时齐国名将孙膑的兵法，全书格式是齐威王与孙膑的对话。由于错简与字迹模糊，因而阙文甚多。

《将苑》：三国诸葛亮的兵书。

《百战奇略》：明初刘伯温的兵书。

《曾文正公全集》之兵法部分：清朝湘军名将曾国藩的用兵格言。

此外，也自《孟子》《史记》《鬼谷子》中撷取经典用兵名句各一二则。

本书每一章的体裁，仍依循本系列丛书的一贯格式。然为虑及兵法，尤其是《孙子兵法》，多是原则性的战争哲学，没有典故，因此用"兵家诠释"取代。历代注释《孙子兵法》的名家不胜枚举，本书最常引用的兵家包括：曹操（三国），李筌、杜佑、杜牧、陈皞、贾林（以上唐朝），梅尧臣、王皙、何廷锡、张预（以上宋朝），张居正、何守法、李贽（以上明朝），夏振翼（清朝）。

兵法贵于实战运用，不贵于空嚼字句，因此，本书精选历史上的名将实战例证，与"历久弥新说名句"做交叉运用，增添阅读时的趣味。

明朝冯梦龙撰《智囊》一书，其中有《兵智》一部，在论及用兵之智时说：有人不战而胜，有人百战百胜；有人正道直行而胜，有人诡诈奸谲而胜；有人依照古代兵法而胜，有人不拘泥古法创新而胜。所谓"天时地利人和"不同，敌情不同，形势随之不同，必须审时度势，因势取胜。总之，"兵贵胜"，胜败是检验用兵能力的唯一标准。

兵法贵在实战应用，可是"经典一〇〇句"贵在作文应用（包括学校与职务），为此，每章的"名句可以这样用"乃尽量列举与兵法有关的四字成语，俾供读者举一反三之用。

存亡之道（庙算）

名句的诞生

兵[1]者，国之大事，死生之地，存亡之道，不可不察也。

——《孙子·计》

完全读懂名句

1. 兵：兵器、兵士、军事、军队、战事、国防等之通称。此处作"战争"解。

语译：战争是国家的大事，关系着人民的生死，也关系着国家的存亡，不可以不慎重考察啊！

兵家诠释

贾林：地，指战场。战场获胜则生，失败则死，所以说是死生之地。道，指战略。成功则国存，失误则国亡，所以《孙子》开宗明义就说"不可不察也"。

张颢：人民的死生在战场，国家的存亡在国防政策。

孙膑：国防没有永恒不变的形势。战争胜利就可以避免亡国、绵延国祚；战争失败就丧失国土而危害社稷。故战争之事"不可不察"！

死生之地，存亡之道

历久弥新说名句

　　战国初期曾经扬威一时的魏国，乃由于魏文侯礼贤下士，招徕各方英雄，同时重用振兴经济的人才，达到富国强兵的目标。

　　有一次，魏文侯问元老李克："吴国为什么亡国？"这个问题的背景，系因为吴国曾在春秋时代后期成为诸侯霸主，以一个僻处东南的小国，能够压倒晋楚等大国。而魏国是"三家分晋"（韩、赵、魏）之后建国，魏文侯有称霸的野心，所以得先求避免重蹈吴国的覆辙。

　　李克回答魏文侯，吴国亡国是因为"数战数胜"（因为一再取得军事胜利而亡国）。魏文侯对这个答案非常诧异，追问："连续打胜仗是国家的福气啊！为什么打胜仗会亡国呢？"

　　李克答："不断战争使得民力耗竭，一再胜利会让君主骄傲。以骄傲的君主驱使一国疲倦的人民，又不停投入战争，没有不亡国的。"

　　吴王夫差从东南远赴中原争霸，耗尽国力，国内空虚。越王勾践乘虚而入，吴国都城姑苏告急，夫差却杀了使者，以免消息外泄，有碍他争盟主。结果，盟主争到了，姑苏也失陷了，最终落得个身死国灭。

　　不知汲取敌人失败教训的人则是越王勾践。他在灭吴之后，也挥军北上争霸，耀武扬威于中原，当时号称霸王。但是，一个好战的小国，传不到三代就灭于楚国之手。

　　公元一九六五年，湖北省江陵县一座楚国古墓中，出土一把铜剑，剑刃锋利，可以划破二十余层纸张——剑身有八个字"越王勾践自作用剑"。吴、越这两个东南方的小国，居然可以威震中原，重要原因之一，就在这把剑上面。原来，当时吴越的冶金铸剑技术发达（吴有干将，越有欧冶子，都是铸剑大师）：以那一支"越王剑"而言，剑脊含铜成分高，韧性强、不易折断；剑锋含锡多，硬度高、削铁如泥。也就是说，吴、越的国防科技远胜于中原大国，因而得以"数战数胜"。

但是，战争不是国防的全部，李克的回答正呼应了《孙子》这一句"不可不察也"。

名句可以这样用

一个国家国力强大之后，君主与将领的野心就容易滋长。君主想要"席卷天下"，将领个个"气吞万里"。这时候最该谨记的就是"数战则民疲"，领导人一定要明察"存亡之道"。

好战必亡，忘战必危

名句的诞生

国虽大，好战必亡；天下虽安，忘战必危。天下既平，天子大恺[1]，春蒐[2]秋狝[2]。诸侯春振旅[3]，秋治兵[4]，所以不忘战也。

——《司马法·仁本》

完全读懂名句

1. 恺：同"凯"，军队得胜班师时所奏的音乐。大恺：高奏凯歌。

2. 蒐、狝：皆"狩猎"之义。春天打猎称"蒐"，秋天打猎称"狝"，音"xiǎn"。

3. 振：训练。旅：军队。仲春振旅，之后进行搜猎。

4. 治：操演。仲秋治兵，之后进行秋狝。

语译：国家虽然强大，好战也必定灭亡；天下虽然太平，忘记备战也必定危险。天下既已平定，高奏凯歌，天子仍得在春秋二次举行围猎，借以演练战技，诸侯各国也要在春天训练军队、秋天操演阵形，这都是为了不忘备战。

兵家诠释

《百战奇略》：兵凶战危，不得已而用之，不可因为国之大、民之众，不停发动战争。黩武穷兵，祸不旋踵（祸事立即到来）。安定时要有危机意识，天下太平也不可以荒废国防，怕的是一旦有事，没有能力防御。一年四季操演军队，就是为了展现国家不忘记备战，庶免人民荒疏了战技。

实战印证

战国时，苏秦游说六国"合纵"，身佩六国相印，享尽荣华富贵。他的师弟张仪为秦国推动"连横"，首先就去到齐国，对齐宣王说：

"齐国与鲁国交战三次，鲁国三胜，但国家因而陷入危境，最终免不了亡国。打胜仗却亡国，为什么？因为齐国大、鲁国小。秦国与赵国交战四次，赵国四胜，但却损失数十万军队，只能勉强保住都城邯郸而已。战胜而国危，为什么？因为秦国强、赵国弱。"齐宣王听进张仪的说辞，向秦国要求签订和约。

张仪的道理对不对？对。大国尚且好战必亡，何况小国。但是齐宣王答应张仪对不对？不对。因为齐宣王以为"和平就可以不必备战"，于是应了"忘战必危"的警言。

唐玄宗李隆基在位四十四年，一手打造"开元之治"，大唐盛世达到巅峰。但是他在位的后半段，因为宠信李林甫、杨国忠（杨贵妃的堂兄），又放任蕃将安禄山，引发了安史之乱。安禄山起兵"步骑精锐，烟尘千里，鼓噪震地"。而当时"海内久承平，百姓累世不识兵革"，安禄山大军"所过州县望风瓦解，守令（太守及县令等地方官）或开门出迎，或弃城窜匿"。一路几乎没有遇到抵抗，大军压境，直抵长安城外围最险要的潼关。

朝廷急忙征召名将哥舒翰复出，哥舒翰当时卧病在床，勉强入朝，又抱病赴潼关前线。可是哥舒翰病得实在太重，将军政大事交付田良丘，田良丘不晓兵事，只好将骑兵交付王思礼、步兵交付李承光。而王、李二将又互争长短，军令不能统一。——这就是"天下虽安，忘战必危"的最佳例证，一个大唐帝国，就因为疏于备战，几乎亡国。

名句可以这样用

领导人"玩物丧志"，军队自然"望风披靡"，这都印证了"忘战必危"，只有"安不忘危"，才能"长治久安"。

名句的诞生

杀人安人[1]，杀之可也；攻其国，爱其民，攻
之可也；以战止战，虽战可也。

——《司马法·仁本》

完全读懂名句

1. 安：动词，使安宁。杀人安人：以杀人的方
   法，让民众得以安宁。诛杀罪犯、发动战争
   都可以称为"杀人安人"。

语译：用杀人的方法让民众得以安宁，则杀
人是可以的；攻打别国为的是爱护其人民，
则攻打是可以的；发动战争以停止战争（之
害），则战争是可以的。

兵家诠释

诠释"以战止战"最好的是孟子。
《孟子·尽心下》：国君好仁则天下无
敌。南面而征，北狄怨；东面而征，
西夷怨；都说："为什么我排在后面？"
周武王伐殷（纣王），对殷的人民说：
"不要怕，我是来带给你们安宁，不是
来荼毒百姓的。"

《孟子·梁惠王下》：齐国伐燕国，
获胜。齐宣王问："有人建议寡人不要

占领燕国，有人建议寡人占领燕国。以万乘之国讨伐另一个万乘之国，五十天就攻克，这不是人力可以达到的功业（天命允许我占有燕国），如果不占领，搞不好会反受上天降灾，先生高见如何？"孟子说："如果齐军占领燕国，而燕国人民喜悦，那就占领之，古人有成功的例子，就是周武王。如果占领而人民不高兴，就不要那么做，古人也有先例，就是周文王（不伐纣）。以万乘之国讨伐万乘之国，被攻打的国家，人民反而欢迎，岂有其他理由？还不是为了逃避自己国家的水深火热吗？如果政权转移之后，水更深，火更热，那就一定会转换回去。"

孟子的道理直到今天仍适用。古今中外有多少帝国兴盛、灭亡，国界每隔数十年就变一次，而变与不变的关键，端在国家领导人是否行仁政。万一人民喜欢他国超过喜欢本国，这个国家就注定灭亡了。

实战印证

明太祖朱元璋统一南方之后，派徐达、常遇春率二十五万人远征军北伐，先发檄文到山东、河北、河南、山西、陕西各地，檄文大意为："宋朝国祚颠覆，元朝入主中国，那是天意。可是元朝后来的君主荒淫失道，政府官员擅权贪污，官吏毒虐人民，于是人心离叛，天下义军四起。使得中国人民，死者肝脑涂地，生者骨肉不保，这又是上天厌恶元朝的象征。如今中原一带虽然有几支起义军盘踞，可是只见相互吞噬，皆非爱民之君。我（朱元璋）受到人民拥戴，十三年来，已经据有整个南方，西起巴蜀，东到大海，人民稍稍安定，粮食稍稍足够（假谦虚之辞），看见中原人民仍在水深火热之中，不敢只求自己安居，所以派兵北伐，拯救生民于涂炭。特此谕告：大军所至，号令严肃，绝对秋毫无犯，各地人民不必走避。"——攻其国爱其民，明军势如破竹，不到两年，平定北方。

名句可以这样用

武字拆开是"止""戈"二字，所以说"止戈为武"。重点仍在国家的内政，若内政不修"生灵涂炭"，敌国就有口实"吊民伐罪"，甚至本国人民还会"箪食壶浆"欢迎敌军！

亡国不可以复存，死者不可以复生

名句的诞生

怒可以复喜[1]，愠可以复悦[1]，亡国不可以复存，死者不可以复生。故明君慎之，良将警[2]之，此安[3]国全军之道也。

——《孙子·火攻》

完全读懂名句

1. 复：回复，重新。喜：显露在脸上的高兴。悦：蕴藏在心里的高兴。喜与怒、悦与愠、存与亡、生与死是对应形容词，应避免错用。

2. 警：警惕。

3. 安：保全。

语译：愤怒可以回复到欢喜，气恼可以恢复到愉悦，国家亡了却不能复存，人死了也不能复生。所以，英明的国君对此（怒而兴师）要谨慎，将领对此（愠而致战）要警惕，这是保全国家和军队的重要观念。

名句的故事

春秋时代，息、蔡二国国君同娶陈国国君的女儿。息夫人妫氏美貌"生有绝世之姿"，于省亲归宁途中，路经蔡国，蔡侯设宴款待小姨子，禁不住出言调戏，息妫大怒离席。息侯听妻子诉说蔡侯"语言性骚扰"，心中愤怒

（愠），于是向强大的楚国借兵，并设计擒住了蔡侯。

蔡侯知道是被息侯陷害，也心思报复。于是在与楚王宴会场合进言："大王宫中美女虽多，但是天下绝色，未有如息夫人之美也。"楚王闻言心动，有一次出巡，就借故拜访息国，在国宴上斥责息侯款待无礼，喝令武士将息侯缚于阶前。入后宫对息夫人说："寡人保证不杀息侯、不绝息祀（暗示不灭息国）。"可是等到楚王回国，只封息侯十邑（十座城），以祀其先人。息侯心伤国亡，不久就抱憾而死。

息妫因面似桃花，楚王宫中称之为桃花夫人。虽然受宠极致，却"三年不出一言"。楚王乃对息妫说："使夫人伤心，全都是蔡侯的错，寡人一定为你报仇。"于是又出兵灭了蔡国。

"朕即天下"的时代，国君的面子就等于国家尊严，但是发动战争毕竟是一件关系国家存亡的大事，实在不可以因为一时的愤怒，而遽然发动战争，还是得精确估计胜算才行。

历久弥新说名句

秦灭六国过程中，最关键却又最惨烈的一役，是对赵国的"长平之役"。那一仗，秦军主将白起"坑杀赵卒四十万人"！

隔了一年，秦昭王再度发兵攻赵。这一次，白起"力言不可"，理由是"赵国已加强守备，外交上更有燕魏齐楚支持，所以现在不是攻赵的好时机"。

但是，动员令已经颁布，箭在弦上，不能不发。秦昭王派王陵率军出征，却出师不利，再派王龁，还是不行。秦昭王勉强称病不出的白起入宫来见，白起一面叩头一面说："臣知道，不接受任务的话肯定会获罪，但是这一仗已经打不赢了。破国不可复完（完整），死卒不可复生，我宁愿伏诛而死，不忍为辱军之将。"白起"如愿"被赐死。

名句可以这样用

君主专制时代虽说是"普天之下莫非王土"，但唯其如此，君主更应体会"亡国不可复存"，才能长保他的"国与家"安全。

名句的诞生

天下非一人之天下，乃天下之天下也。同[1]天下之利者则得天下，擅[2]天下之利者则失天下。天有时[3]，地有财，能与人共之者，仁也；仁之所在，天下归[4]之。

——《六韬·文师》

完全读懂名句

1. 同：共。"共享"的意思。

2. 擅：专。"独享"的意思。

3. 时：四时，季节。

4. 归：同"归心""归顺"之"归"。

语译：天下不是一个人的天下，而是天下人的天下。能和天下人共享天下利益的，就可以得到天下；独占天下利益的，就会失去天下。天有四时，地生财富，能和人民共享天时地利的，就是仁政；哪个国家的领导人行仁政，就能得到天下人归心。

兵家诠释

《六韬》一书就有好几处重申本句，或演绎相同观念：

《六韬·发启》：为天下谋利益的人，天下人都会欢迎他，使天下蒙受灾害的人，天下人都会反对他。……

若能做到与（天下）人同舟共济，成功则共享利益，失败则共蒙其害，那么，天下人都只会欢迎他，而不会反对他了。

《三略》：君主掌握将领，最要紧是收揽英雄之心，并且向人民沟通理念。施政只要是与人民共同利益，没有不成功的；但若是全民所共同厌恶，没有不失败的。

实战印证

汉高祖刘邦在打败项羽之后称帝，在洛阳南宫摆宴庆功。刘邦要诸将不要隐瞒，直话直说"项羽为何失天下，我为何得天下"。高起、王陵表示："陛下派人攻城略地，不论攻陷或受降，总是封给有功将领，这是'与天下同利，所以得天下'。项羽却妒忌有功将领，得地也不分给人家，所以失去天下。"

这个故事还有下半段，是刘邦不同意他俩的说法。然而，刘邦比项羽强在"肯与诸将分享战果"，殆无疑问。

三国魏明帝曹叡，当太子时聪明夙慧，即位之初也颇为英明，但是却在位愈久愈昏庸：劳师动众将长安城里的巨钟、铜人、铜骆驼、承露盘等运到洛阳；又下令搜括天下铜器，铸一对"翁仲"，另铸三大黄龙、四丈凤凰；甚至命令朝臣去搬运泥土堆假山。元老大臣高堂隆为此上书，提醒"这些都是亡国之道"，"天下乃天下人之天下，非独陛下之天下"。很遗憾，曹叡只当他耳边风，高堂隆不久后去世，曹魏帝国则从此开始走下坡。

明朝崇祯帝时，全国大饥荒，可是明朝政府却仍为了打仗而增税，包括辽饷（抵抗清兵）、练饷（练兵）、剿饷（剿流寇），官员更如狼似虎，压榨农民，这就是"全体人民共同所厌恶"，肯定要失天下。讽刺的是，流寇李自成只以一句"迎闯王，不纳粮"口号，就让农民以为李自成是"同天下之利"，于是扛着锄、耙追随闯王起义，李自成因而得天下。

名句可以这样用

本句最恰当的对应四字成语是"仁者无敌"。只要行仁政，就能"四海归心"；但若施行暴政，人民"水深火热"，兵力再强也不免"灰飞烟灭"。

无取于天下者，取天下者也

名句的诞生

无取[1]于民者，取[1]民者也；无取于国者，取国者也；无取于天下者，取天下者也。无取民者，民利[2]之；无取国者，国利之；无取天下者，天下利之。故道[3]在不可见，事[4]在不可闻，胜在不可知。微哉！微哉！

——《六韬·发启》

完全读懂名句

1. 前一个"取"是"夺取"的意思，后一个"取"是"赢取"的意思，以下"取国、取天下"皆同义。

2. 利：欢迎（因为有利而欢迎）。

3. 道：做法。

4. 事：事机。

语译：不夺取人民的利益，是赢取民心之道；不夺取国家的利益，是赢取国家之道；不夺取天下之利益，是赢取天下之道。（道理就在于）不取人民之利，人民欢迎他；不取国家之利，国家欢迎他；不取天下之利，天下欢迎他。（不取利反而有利）所以，这种方法在执行时没有人看见（发觉），事机没有人听见（察觉），取胜了都没有人知道个中奥妙。微妙啊！微妙！

名句的故事

殷纣王奢靡无度，将宫室的窗子关上，室内点上蜡烛，以一百二十日为一夜，没日没夜地吃喝玩乐，称为"长夜饮"。君臣喝得忘了日子，派人去问箕子，箕子对左右说："身为天下的君主，竟然喝得举国都忘了日子，天下危险了。全国都不知日子，若只有我知道，那我就危险了。"于是回复纣王的使者，说："我醉了，不知道日子。"事实上，箕子早就看出纣王的败象："纣王用了象牙筷子，就不会用土簋来盛羹，而要用犀角玉杯；用了玉杯象箸，吃的就不是菜汤，而是象肉豹胎；就不会再穿粗布衣服、住茅草房，而要穿锦衣、住高台。这样下去，天下就要被搜括一空了。"

对比纣王的奢靡暴虐，姜太公教周文王敬老慈幼、礼贤下士、讼断公平，于是天下人心归向西周，三分之二的封国诸侯倾向文王（本文所称"国"，是指"封国"，周文王无取于诸侯，故诸侯归心）。

历久弥新说名句

刘邦、项羽分兵攻关中，刘邦先入关，接受秦王子婴的投降。刘邦原本要搬进阿房宫，但听从樊哙、张良的建议，对阿房宫中财货、美女、珍奇异兽通通不动，"恭候"项羽来到处置。

项羽攻破函谷关，来到咸阳，对刘邦的恭顺态度非常满意。范增提醒项羽："沛公（刘邦）的本性贪财好色，如今入关后，却不取财物、不贪美色，显见'其志不在小'。有术士说他有

'天子之气'，应该立下决心攻击他，不可失去机会。"（接下去就是"鸿门宴"的故事。）

范增说刘邦"其志不在小"，意指刘邦有"取天下"的大志。而范增就是从刘邦"不取"而看出来，间接印证了"不取就是取"的奥妙。

名句可以这样用

欲取天下者必须懂得本句的"不取之道"，可是很多已经得了天下的君主却不懂"取天下之利则失天下"的道理，何其蠢哉！

名句的诞生

夫谓治[1]者，使民无私[2]也。民无私则天下为一家，而无私耕私织[3]，共寒其寒，共饥其饥[4]。……争夺止，囹圄[5]空，野充粟多[6]，安民怀远[7]，外无天下之难[8]，内无暴乱之事，治之至[9]也。

——《尉缭子·治本》

完全读懂名句

1. 治：治理。

2. 无私：无私欲。

3. 私耕私织：只顾自己温饱，不关心别人。

4. 共寒其寒，共饥其饥：同孟子"人饥己饥，人溺己溺"的意思。

5. 囹圄：监狱。

6. 野：田野。充：实。粟：五谷通称。野充粟多：田野都有人耕作（没有荒废），五谷丰收。

7. 怀：感召。怀远：远方（外国）的人受到感召（而来投靠）。

8. 难：外患。

9. 至：极致。

语译：所谓治理国家，就要使人民无私欲。人民无私欲则天下成为一家，而不是只为了自己的温饱，不顾他人死活。天下人都能对他人的饥寒感同身受。……社会中的争夺就停止了，监狱也就空了，（人人都致力生产）田野充分耕作，五谷丰收，人民安定，连外国人也来归顺，（劳动力增加，兵源也增加）外无敌国入侵，内无造反作乱，这就是治国的最高境界。

名句的故事

兵家的思想基础是"仁"，战争只是手段，和平才是目的，甚至和平也只是为仁政建立客观条件。

《尉缭子》这一段显示他兼具儒、法二家的精神，主张"君王无私以为表率，行赏罚以奖善惩恶"，因此，他的方法较接近法家。而他的"乌托邦"境界，"共寒其寒，共饥其饥"却又接近孟子。

然而，兵家以仁为出发点，却以战争技术（杀人）为方法，总不免予人相互扞格的感觉。复由于秦始皇以后，帝王权威愈高，兵家"要求君王以身作则"的部分逐渐消失，而成为纯粹研究作战制胜的学问。也就是说，兵家思想后来失去了"仁"的要素。

历久弥新说名句

战国初期，秦孝公重用商鞅变法。其中一项新法是"严禁私斗，违者处死"，同时实施"以战功封爵位"，平民也有了成为贵族的机会，这是法家"重罚重赏"的典型。之后，商鞅因为妨害贵族利益，垮台后受车裂（五马分尸）之刑，但是秦国的法律并未因为他死了而改回去，所谓"身死法未败"。

到了秦昭王时，范雎对昭王说："大王之国地形险要，大王之民'怯于私斗而勇于公战'，此二者为王天下的要件。"

这是商鞅立下的制度，奠定了秦国攻取天下的基础，而"行仁"（儒家与兵家的主张）却不能达到这个目标。

名句可以这样用

本句的"无私"，不是"无私无我"那种无条件奉献，而是建筑在"人性有私欲"的基础上。更不是要求人民放弃私欲，而是要求君王放弃私欲以感化人民。

大农、大工、大商谓之三宝

名句的诞生

人君无[1]以三宝借人，借人[2]则君失其威。……大农、大工、大商[3]谓之三宝。……三宝各安其处[4]，民乃不虑[5]。……三宝完[6]，则国安。

——《六韬·六守》

完全读懂名句

1. 无：勿，不可。

2. 借人：交付他人。

3. 大农、大工、大商：分别指农民、工匠、商人，亦即农业、手工业、商业。

4. 处：所。

5. 虑：担忧。

6. 完：完备。

语译：君主不可以将控制三件宝器的权力交到他人手中，（宝器）交付他人，君主就会失去权威。……农民、工匠、商人（农业、手工业、商业）就是所谓"三宝"。……三宝各得其所、各安其业，老百姓就没有什么可以担忧的了。……三项经济事业完备，国家就安定了。

名句的故事

现今出土最古的《六韬》残简，出自山东临沂（齐国都城），因而推论是齐国人搜集姜太公传下来的兵法辑成。

春秋五霸之一的齐桓公重用管仲为相，管仲当政后，进行一系列的改革，最重要的是经济改革，先富国，再强兵。

首先他提出"本末并重"，一改之前重士轻农工商的社会制度，将国民按士农工商分类、分处，建立起各自的专业化队伍，各自住在一起，生产在一起。所谓"三其国而五其鄙"，"国"是指首都临沂城，工、商各三乡（周制一万二千五百家为一乡），士十五乡；"鄙"是城外农村，分成五"属"由五位大夫统领，每一"属"领十县，一县领三乡（城外的乡有三千户）。

在此之前，"四民"杂居，士是贵族，农工商是庶民。分住各自的"专业区"之后，农工商的自尊心提高了，生产力也提升了。粮食足、器用足、商品流通，国家富了，人口自然增长，国防实力也自然强大。

《六韬》中出现管仲的制度，证明了这部兵法虽非姜太公原著，但肯定是齐国人辑成。

历久弥新说名句

管仲的改革损害了贵族阶级的既得利益，但因而成就了齐桓公的霸业。到了战国时期，秦孝公用商鞅变法，也是提升庶民社会地位，鼓励人民积极生产、活络经济。虽然同样受到贵族阶级排斥，但是就此奠定秦国后来削平六国、统一天下的基础。商鞅的理念，如《商君书》所言："强者必治，治者必强。富者必治，治者必富。强者必富，富者必强。""强必王"——治、富、强、王的逻辑，和管仲是一样的。也就是先求富国，再求强兵，经济是国防的后盾，而且"借人则君失其威"。

名句可以这样用

打仗当然要靠军队，但"三军未动、粮草先行"，"招兵买马"要钱，"秣马厉兵"更要钱，所以说"富国而后强兵"，这一切都得靠农业、工业、商业这"三宝"。

名句的诞生

夫兵久而国利者，未之有也。故不尽知用兵之害者，则不能尽知用兵之利也。善用兵者，役不再籍[1]，粮不三载[2]；取用于国[3]，因粮于敌[4]，故军食可足也。

——《孙子·作战》

完全读懂名句

1. 役：兵役。籍：征兵名册。役不再籍：动员出兵不做第二次征集。

2. 载：运。军队出征运一次粮，班师运一次粮，不做第三次运粮。

3. 用：兵甲战具等军用品。取用于国：武器装备自本国取用。

4. 因：借用、征用。因粮于敌：军粮在敌国境内就地取用。

语译：战争持久而国家有利，是不可能的事情。所以，不透彻了解用兵害处的人，就不能真正了解用兵的益处。善于用兵的人，兵役不征调两次、粮秣不运送三回（所以一定要打胜仗），武器装备取用自国内，粮食则在敌国境内就地取用，所以军队的粮食就足够了。

兵家诠释

梅尧臣：战争使得国库空虚、百

不尽知用兵之害者，则不能尽知用兵之利

姓耗竭，如果不知道战争对国家的害处，又怎么会知道好处在哪里？

杜佑：发动战争之前，不先考虑危亡之祸，就不足以取利（不知见好就收）。

李筌：战争和火一样，升火以后，若用完不熄灭它，就会烧到自己。

实战印证

隋炀帝承继隋文帝"开皇之治"的盛世：全国普设粮仓，米谷甚至溢出仓外；全国人口八百九十万户、耕地五千五百余万顷。但隋炀帝好大喜功，十年内二次亲征高丽，动员十路大军，人民为支援前线而荒废耕作，终至"亡逃山林为盗"。最后全国皆盗，群雄并起，隋亡。这是"不知用兵之害"的最极致史例。

南北朝后期，北方的后周将领贺若敦率兵渡江攻打南方的陈国，陈将侯琪领兵抵抗。当时"秋水泛滥，江路遂断"，周军后援不继，军心不稳，贺若敦于是分兵抄掠。同时派兵士伪装老百姓，载运装有米粟鸡鸭的船只，却在船舱中埋伏武装部队，侯琪的军队以为饷船来了，争相进取，因而被杀、被俘。后来，侯琪的军队连真正的老百姓船只都不敢接纳，老百姓只能将农产粮食卖给周军。远来的周军反而得到本地的粮食，在地的陈军却得依赖后方运粮补给，这是"因粮于敌"的最佳范例。

隋末唐初，唐王李渊有志问鼎中原，但是北方有刘武周（根据地山西太原）的威胁。刘武周派大将宋金刚进屯河东，李世民率军前往对抗。李世民对诸将下达战略："宋金刚的人马众多，且骁勇能战，但是他的军粮空虚，必须靠掳掠来支撑。我们坚守阵地等待他饿到撑不住，不急着与他交战。"同时派出小部队袭扰宋金刚的粮道。宋金刚果然因为士气低落而撤军，遁回太原。这是不让敌人"因粮于我"的成功战略。

名句可以这样用

俗话说："人是铁，饭是钢。"军队打仗第一要吃饱，第二要睡足。而运输粮秣是最大的支出，因为前线将士要吃，运输的人、马也要吃。《孙子兵法》在本句之后说"食敌一钟，当吾二十钟"，这是计算运输过程的粮食消耗量，也印证了"因粮于敌"的重要。

主不可以怒而兴师，将不可以愠而致战

名句的诞生

明主虑[1]之，良将修[2]之。非利不动[3]，非得[4]不用，非危不战。主不可以怒而兴师[5]，将不可以愠[6]而致战；合于利而动，不合于利而止。

——《孙子·火攻》

完全读懂名句

1. 虑：考虑（后文的利弊得失）。

2. 修：习，娴熟（战争技术）。

3. 动：动干戈。

4. 得：（估算）有所得。

5. 兴：发动。师：军队。兴师：发动战争。

6. 愠：恼怒，生气。

语译：英明的国君要深思熟虑战争的惨烈代价，好的将领要熟习战术。不确定对国家有利就不可以发动战争，不确定能获致战果就不用兵，非情况危急不轻易开战。国君不可以因为发怒而宣战，将领不可以在恼怒情绪下出战；对国家有利才行动，对国家不利则停止。

兵家诠释

张预："因怒兴师，不亡者鲜；因忿而战，罕有不败。"（因愤怒而宣战，很少不亡国的；因为忍不住怒气而出战，很少不吃败仗的。）

《尉缭子》：发起战争绝不可以凭一时的愤怒。看见有胜利的把握就可以发起，没有把握就不可妄动。

实战印证

三国时，东吴大将吕蒙偷袭荆州，杀了关羽。蜀汉昭烈帝刘备要为关羽报仇，不惜破坏诸葛亮在《隆中对》就订下的最高战略"联吴制魏"，兴兵攻打吴国。因为是怒而兴师，主帅亲临第一线指挥，大军自巫峡到夷陵"连营七百里，与吴军对峙超过半年。"这些决策都违反兵法原则，显见盛怒影响了决策质量。结果，被吴国大将军陆逊火攻，烧得大败。刘备仅以身免，逃到白帝城，看到蜀军尸首浮满长江，羞愤难当，最后病死在白帝城。

南北朝时，北方分裂为东魏与西魏。起初东魏较强，东魏丞相（当权军阀）高欢亲率三路大军攻击西魏，西魏大将军（当权军阀）宇文泰也亲自领军对抗。宇文泰以奇袭战术击溃东魏先锋部队，先锋将领窦泰自尽，逼使高欢不得不撤军。

高欢兵败，连带影响到他的权力稳固，因此，翌年又发动二十三万大军，分两路夹击兵力不足的西魏。依正统兵法，高欢兵多气锐，却是远道而来，宇文泰应该坚壁清野，消耗敌人的粮食与锐气才对。但是宇文泰分析："高欢一心只想一雪前耻，不惜大规模动员，由于东魏兵士厌战，高欢必须催促军队前进，而且急于一战，犯了'忿兵'大忌。一战可擒。"果然，恼怒之气蒙蔽了高欢的心智，中了宇文泰的埋伏，东魏军大败，伤亡高达八万人，且自此强弱易势。

名句可以这样用

　　国君、将领，乃至企业、团体的领导人，都不可以因为忍不住"一朝之忿"而做出错误决策。要知道"天子之怒，伏尸百万，流血千里"，后果是何等严重，所以切忌"怒而兴师，愠而致战"。

名句的诞生

未战而庙算[1]胜者，得[2]算多[3]也；未战而庙算不胜者，得算少也。多算胜，少算不胜，而况于无算乎！吾以此观之，胜负见[4]矣。

——《孙子·计》

完全读懂名句

1. 庙：宗庙。算：计划。古时候出师征伐之前，必定要先致祭于宗庙，然后占卜。在宗庙里讨论战略、战术，订下作战计划，称为庙算。又，后世称朝廷议事之处为庙堂，在庙堂之上讨论军事亦称庙算，相当于今日的国防计划。

2. 得：得力。

3. 多：此处做"周密、周详"解。

4. 见：预见。

语译：未开战之前，就预算可以打胜仗的，是得力于平日计划周密；未开战就预知不能打胜仗的，是因为平日计划不充分。计划周密者胜，不周密者不胜，遑论那些毫无计划的呢？由这一点来看，胜负其实是可以预见的啊！

兵家诠释

何守法：本文接在"此兵家之胜，

多算胜，少算不胜

不可先传也"（参阅"攻其无备，出其不意"一章）之后，是为避免学习兵法的人，惑于"胜负无形""不可先传"等格言（而流于浪战），所以特别强调事前计划的重要。譬如围棋高手对弈，往往一着失算，便失一局，多算尚且如此，何况无算者乎？

《三略》：用兵要点，必须先考察敌情，观察对方仓库总容量，计算对方粮食储备，据以推测其兵力强弱，还要了解对方的民心支持度与战略地理，找到可乘之隙。如果对方国虚民贫，必定人心不附，上下不亲。一旦敌人自外攻击，人民自内造反，则必定崩溃。

实战印证

奠定三国鼎立局面的"赤壁之战"，曹操率领大军南下，荆州投降，孙权命鲁肃将诸葛亮请来，一同研商对策。孙权问："曹兵共有多少？"孔明曰："马步水军约有一百余万。"孙权说："这个数字是虚夸的吧？"孔明说："曹操本身有青州军二十万，平了袁绍又得五六十万，中原新招之兵三四十万，今又得荆州之军二三十万；以此计之，不下一百五十万。我说一百万，是恐怕吓到江东人士啊！"

其实，上述是孔明要以"激将法"刺激孙权的计算，等到孙权下定决心跟曹操拼了，诸葛亮又有另一番算计："曹操之众，远来疲惫，轻骑一日夜行三百里，这是'强弩之末，势不能穿鲁缟'者也。且北方之人，不习水战。荆州士民乃是迫于形势而投降，不是真心归附。"

之后，孙权找周瑜来研商作战计划，周瑜说："曹操号称水陆大军百万，但那只是数字，不是事实。依我看，曹操嫡系部队不过十五六万，而且久战疲劳，得到袁氏之众也只有七八万，其中大部分还不服。主公只要给我五万兵马，就可以对付得了。"

《三国演义》虽是小说，但是却能准确地描写出三种不同的"庙算"，而赤壁之战的结果，的确是"多算胜，少算不胜"。

名句可以这样用

计划周密到了极点称为"算无遗策"，机关算尽却仍露出破绽称为"百密一疏"，最该警惕的是"一着错，满盘输"。

天时不如地利，地利不如人和

名句的诞生

天时[1]不如地利[2]，地利不如人和[3]。……得道[4]者多助，失道者寡助；寡助之至[5]，亲戚畔[6]之；多助之至，天下顺之。以天下之所顺，攻亲戚之所畔；故君子有不战[7]，战必胜矣。

——《孟子·公孙丑下》

完全读懂名句

1. 天时：指日子的吉凶宜忌等，古代征伐之前必占卜。

2. 地利：指城池险阻等。

3. 人和：指人心民气。

4. 道：治国之道。得道：治国有方。失道：治国无方。

5. 至：极点。

6. 畔：同"叛"。

7. 有：或有，容有之意。有不战：不一定以战争为手段。

语译：用兵择日、占卜，还不如据险要；据险要，还不如得民心。……施政有方，得人心，自然多得助力；施政不良，失人心，当然缺少助力。缺少助力达到极点，连亲戚都会背叛他；多得助力达到极点，全天下都支持他。以全天下的支持去攻打连亲戚都背叛的国家（当然胜利），此所以君子虽不以战争为解决问题的手段，但若非战不可，也必定胜利啊！

兵家诠释

孟子是儒家，不是兵家，可是这两句论用兵着实简洁有力。兵家对这个道理亦多有述及：

《尉缭子》：天官（星相）时日（占卜）不若人事。举贤用能，不求时日而得到；法令严明，不必卜筮而获吉；奖赏功劳，不待祈祷就有福。

《六韬》：天道难测，地利、人事操之在我。国君不肖，则国危而民乱；国君贤明，则国安而民治；祸福在国君，不在天时。

《将苑》：智者不逆（违反）天，亦不逆时，亦不逆人也。

实战印证

唐高祖时，辅公祏造反，李渊派李孝恭率军讨伐。大军出发前，将领集合，饮水竟然呈现血色，满座将领尽皆失色。主帅李孝恭神色自若，拿起水杯来，一饮而尽，说："不必怀疑，这是辅公祏将要授首（被斩）的象征。"

与辅公祏交战，李孝恭的主力坚壁不出战，却派出特遣队切断叛军粮道。叛军抵不住饥饿，夜袭唐军营地，李孝恭卧于主帐不动，叛兵无隙可乘。

李孝恭因而知道叛军求战心切，第二天开垒出战，先头部队诈败，引诱敌军深入，设伏兵大破叛军。

李孝恭饮尽血水，是机智的表现，扭转了将领对"天象示警"的认知；派奇兵切断敌人粮道，是掌握地利的表现；遇袭不慌、诈败不乱是部将对主帅的信心（人和）。

名句可以这样用

　　天时、地利、人和当然都很重要，但若不能周全，则"天
时不如地利，地利不如人和"，毕竟"得道多助""得人者昌"
才是最重要的。

名句的诞生

兵闻拙速，未睹[1]巧之久也。……车战得车十乘[2]以上，赏其先得者，而更[3]其旌旗，车杂[4]而乘之，卒善而养[5]之，是谓胜敌而益强。故兵贵胜，不贵久。

——《孙子·作战》

完全读懂名句

1. 睹：看见。

2. 乘：音"shèng"，兵车的单位。周朝兵制，一车配备七十五步卒。

3. 更：更换。

4. 杂：打散。

5. 养：善待，同"养兵"之养。

语译：用兵只听说虽拙而快速，没看过用兵巧妙却旷日费时，而能成功的。……车战能够俘获敌方战车十辆以上（步兵七百五十人）者，就将战车赏给最先立功的兵士。对于俘虏的敌军，就将其旗帜变更为我方的旗帜，战车打散编入我军乘用，善待士兵以为我用，这就叫作战胜敌人而我更强。所以，打仗贵在胜利，切忌恋战不休。

兵家诠释

曹操、李筌：快速取得胜利最重

要，重赏的功能比战术来得有效（拙于机算但取胜快速）。

张预：只要能取得胜利，宁可拙速，而不要巧久。

梅尧臣：只要快速，就能节省费用、民力。

实战印证

战国时，燕国上将军乐毅，率领五国（赵、楚、魏、韩、燕）联军伐齐，连下七十余城，只剩下莒、即墨二城。诸侯撤军，只留乐毅率领燕军继续攻打二城，却耗时五年不能攻下。后来，齐将田单以反间计挑拨燕惠王，以骑劫取代乐毅，再以火牛阵击败骑劫，收复齐国全部的失地。《史记》称乐毅"好兵"，也就是战术很高明（巧），但是乐毅肯定称不上《孙子》所谓的"善战"，更是"久则生变"的最佳殷鉴。

乐毅是"战争目标不明确"，以致旷日耗时，最终失败。而东汉的窦宪则是"以战争遂行政治目标"的例子：

东汉"明章之治"是盛世，章帝去世，汉和帝即位，年仅十岁，由窦太后当家。窦太后将太尉邓彪"升"为太傅（位高权不重），再任命其兄窦宪为车骑将军（次大将军一级）。窦宪为了遂其政治野心，想建立军事功勋，于是征调五军、十二郡的兵力，加上羌、南匈奴等部族，出塞远征北匈奴。三公九卿纷纷上书劝阻，认为北匈奴早已无侵犯边境的行为，大举动员，远征万里，徒然损伤国家元气而已。

窦宪不理会那些"杂音"，三路大军出塞，长征三千里，勒石燕然山，凯旋回朝，升官大将军，位居三公之上。这是中国对外战史上最伟大的战役之一，《燕然山铭》也是中国文学史上灿烂的一页。但是，窦宪"玩"上了瘾，再度发动远征，又取得胜利，个人权势也达到顶峰。之后窦宪企图发动政变被小皇帝刘肇发觉而被囚，继而一举铲除窦家班。东汉帝国自此开始走下坡！

名句可以这样用

本句的重点在"胜"而不在"速"，只要能获致胜果，"衔枚疾走"奇袭可以，不惜牺牲"直捣黄龙"也可以，"稳扎稳打"也可以，只有"师老兵疲"是大忌。

战胜易，守胜难

名句的诞生

战胜易，守[1]胜难。故曰，天下战国，五胜者祸，四胜者弊[2]，三胜者霸，二胜者王[3]，一胜者帝。是以数胜得天下者稀，以亡[4]者众。

——《吴子·图国》

完全读懂名句

1. 守：保持。

2. 弊：害。

3. 王：音"wàng"，动词，称王。

4. 亡：亡国。

语译：取得战争的胜利容易，保持胜利的成果困难。所以说，天下相互争战的国家，取得五次战争胜利者将招致灾祸，取得四次战争胜利者将多弊害，取得三次胜利者足以称霸，取得二次胜利者可以称王，一次胜利就解决问题的必成就帝业。这就是为什么，靠多次战争胜利而得到天下的例子稀少，因为好战的国家很多都亡国了。

兵家诠释

《尉缭子》：战争胜利的情况很多种，有的在庙算（庙堂决策）时就已胜定，有的在野战得胜，有的在城内巷战得胜。有胜算而开战，得到胜利

042

且保全战力，称为"全胜"；野战、巷战的风险高、伤亡大，侥幸得胜称为"曲胜"，保全战果就不容易。

司马光于《资治通鉴》评论五代后唐庄宗：庄宗实在很会打仗，所以能以弱势的晋王国战胜相对强大的后梁帝国。但是没有几年，外有南方诸国搞独立，内有魏州兵变，最后搞到自己连个寄身之地都没了。实在是因为他虽然懂得用兵之术，却不懂得治理天下之道啊！

实战印证

《吕氏春秋》：周武王派人刺探殷朝（商纣王）情况，回报："殷内部乱了。"武王问："乱到什么程度？"答："马屁精与奸臣已经凌驾忠良贤臣之上。"武王说："还不能发兵。"

探子再去，回报："殷乱上加乱了。"武王问："乱到什么程度了？"答："贤臣都出奔国外了。"武王说："还不是时机。"

探子又去，回报："殷乱到极点了。"武王问："乱到什么程度？"答："老百姓已经不敢批评政府了。"武王："嘻！（高兴的声音）赶快将情况告诉姜太公。"

姜太公说："奸臣凌驾贤臣，叫作'戮'（黑白颠倒）；忠良出奔他国，叫作'崩'（失去栋梁，房子会塌）；人民不敢批评政府，叫作'刑胜'（白色恐怖）。的确乱到极点，国家必定失控。"于是精选兵车三百乘，精兵三千人，择日兴兵，一举灭了殷纣王。这是"一胜者帝"的最佳范例。

《战国策》的故事，有某位说客对秦王说："只有王者的军队能够战胜而不骄傲，只有霸王能战败而不恼怒。胜而不骄才能让世人服气，战败而不恼怒才能与邻国和睦相处。"打赢而不骄傲，正是保持战果的必要条件，也是称王的充分条件。打输而不恼羞成怒，才不会为了面子求扳本，最后输光。

名句可以这样用

　　"守胜"并非消极的"见好就收"，而是积极的"巩固战果"。打胜仗"杀人盈野"也未必能"斩草除根"，反而"杀敌三千自损八百"，折损己方战力。建立制度、完善施政，才是"以德服人"的可长可久之计。

名句的诞生

罗[1]其英雄，则敌国穷。英雄者，国之干[2]；庶民者，国之本。得其干，收其本，则政行[3]而无怨[4]。

——《三略·上》

完全读懂名句

1. 罗：名词为捕鸟之网，动词用法如"罗致""网罗"。

2. 干：树干，此处引申为"栋梁"解。

3. 政行：施政顺利。

4. 无怨：人民无怨言。

语译：罗致敌国的英雄人物，敌国的人才就不足了。英雄人物是国家的栋梁，老百姓是国家的根本。执政者能够罗致人才、收揽人心，施政就会顺利，人民也不会有怨言。

名句的故事

春秋战国时代是一个旧秩序（周公所定制度）瓦解，新秩序未建立（直到汉武帝独尊儒术才完于一）的时代。现象之一是诸侯国之间的人才流通不受到国籍的阻碍，没有忠于一家一姓的问题。即使儒家的始祖孔子，也周游列国"沽之哉"，而没有"不忠于鲁

罗其英雄，则敌国穷

国"的问题。

"四大公子"之一的孟尝君担任齐国宰相,曾被秦王聘去担任秦国宰相,就是"人才国际化"的明显例证之一。而后来孟尝君必须依靠门客"鸡鸣狗盗"才得以逃出秦国,则是本句的反向操作。——人才不能为我所用,就该除去,避免被敌国用。

一个英雄人物的去留,造成国家兴亡的最极致例子,是春秋时代的伍子胥。

楚平王听信谗言,认定太子建要造反,囚禁太子的师傅伍奢。伍奢有两个儿子伍尚与伍员(字子胥),伍尚应楚平王之召,赴父亲之难,伍员则辗转逃到了吴国。

吴、楚是世仇,楚强而吴弱。伍子胥辅佐吴王阖闾,最后,吴国精锐之师发动全力进击,一路攻进郢都。伍子胥挖开楚平王的坟墓,鞭尸三百以报父仇。

阖闾死后,伍子胥辅佐吴王夫差。夫差伐越,将越王勾践围困在会稽山,勾践派人贿赂吴国太宰伯嚭,伍子胥劝谏:"现在不消灭勾践,将来会后悔。"可是夫差不听。

后来,伍子胥又力谏夫差千万不要北上争霸中原,夫差恼了,赐他一把宝剑,要他自杀。伍子胥含恨自刎,可是他的谏言"应验"了吴国下场,越王勾践趁吴国内部空虚,攻进姑苏城,灭了吴国。

伍子胥是位悲剧英雄,但楚国失去他而差点亡国,吴国因为有他而强盛,失去他依旧亡国。一个英雄人物关系国家兴亡,真是最佳例证。

历久弥新说名句

明末清初，郑成功、郑经父子以台湾为根据地，打着"反清复明"的旗号，清朝政权没有水师，对郑氏束手无策。

康熙皇帝任命一位有谋的闽浙总督姚启圣，以重金招降郑军官兵，凡来归者，官有俸、兵有饷、归农者有地。半年时间，投诚军官一千二百三十七员、士兵一万一千多名，又二个月，七镇将领与总兵"率部"来归。自此，清军有了水师，终于可以和郑军在海上决战。此乃罗其英雄，则敌消我长。

名句可以这样用

能征惯战的将领是"国之干城"，以一当十的战士是"虎贲之士"，这些都是英雄，切不可为敌国所用，更不可以"为渊驱鱼"。

驭将之道最贵推诚，不贵权术

名句的诞生

用兵之道最重自立[1]，不贵求人[2]；驭将之道最贵推诚[3]，不贵权术。……以自立为体，以推诚为用，当可断为我用。纵不能倾情倾意，为我效死，亦必无先亲后疏[4]之弊。若无自立推诚二者为本，而徒以智术笼络，即驾驭同里[5]将弁[6]且不能久，况异国之人乎？

——《曾文正公全集》

完全读懂名句

1. 自立：靠自己。

2. 求人：依赖别人。

3. 推诚：推己之诚以及人。

4. 先亲后疏：以亲者为先，疏者为后。

5. 同里：同乡。

6. 弁：音"biàn"，下级军官。

语译：带兵打仗最重要的是自立自强，不依赖别人（友军）；驾驭将领最重要的是诚心待人，而不是依赖权术。……以自立要求自己，以诚心待人，渐渐就可以让他（外国将领）为我所用。纵然不能让他全心全力为我效死，也必然不会有亲疏先后的问题。如果不能自立和推诚这两个原则为本，而光用智谋和权术去笼络，即使领导同乡军官也难以长久，何况外国人呢？

名句的故事

清朝面对太平天国最艰困的时期，地方大吏如浙江巡抚王有龄、江苏巡抚薛焕因守土有责，一再上疏请求"借师助剿"，也就是向列强借兵打长毛。

曾国藩、胡林翼、左宗棠等湘军大帅则认为"外夷之助中国，成功之后，每多意外要求"，所以坚持"洋兵不可用"。交涉过程中，一度产生一个妥协折中办法，由洋商代运漕米，且船只不插外国旗。

之后，太平军扑向上海，上海土洋商人雇用美国人华尔，组成一支洋枪队，协助防卫上海，而英法认为上海是他们的商业利益所在，也出力协防。于是出现"北方英法联军攻北京，南方英法军队帮清军守城"的矛盾现象。

曾国藩前后四度拒借洋兵，使得外国军队只有协防上海，未曾协助进攻常州、苏州、金陵，清帝国乃得以在太平天国乱事平定之后，没有进一步受到列强勒索。

华尔组成的洋枪队，后来改名常胜军，最终被李鸿章收编。本文即出自曾国藩指点李鸿章"如何对待夷将"的书信。

历久弥新说名句

东汉光武帝刘秀在革命期间，一再吸收变民集团兵力而壮大。有一次，河北变民投降，刘秀封他们的头目为侯，可是刘秀麾下将领不信任这些土匪。缺乏信任使得气氛紧绷，刘秀察觉气氛不对，就只带了几名随从，巡视各个降贼军营，以示信任。变民相互传话："萧王（刘秀当时称号），推赤心入人腹中，怎能不为他效死？"从此完全心服，刘秀的兵力乃一天天壮大。

曾国藩说的"自立"是不依赖外力，"推诚"则是引喻刘秀的故事。

名句可以这样用

君主或大帅对将领"推心置腹"，将领就会"心悦诚服"，而推心置腹最好的方法是"开诚布公"，千万不能予人"机关算尽"的感觉。

名句的诞生

将[1]听吾计，用之必胜，留之；将不听吾计，用之必败，去之。计利以听[2]，乃为之势[3]，以佐其外；势者，因利而制权[4]也。

——《孙子·计》

完全读懂名句

1. 将：若能。

2. 听：从，实行。

3. 势：动态状况。用法如声势、情势。

4. 制：操控。权：权衡。因利制权：视情况有利而采取适当措施。

语译：（国君）如果能听用我的计谋，实行我的兵法，用我为将军一定能胜利，我就留下来效命；如果不能实行我的兵法，即使用我为将军，也一定失败，我就告辞而去。意见一旦得到采纳，然后营造外在的形势。所谓"势"，必须权衡利弊得失，以采取不同做法。

名句的故事

孙武写成兵法，呈献给吴王阖闾，自我推荐担任将领，并且表明"若我的兵法不能被实行，我就离开吴国"。吴王看了《孙子兵法》，对孙武说："先生的兵法十三篇，寡人已经看完了，

将听吾计，用之必胜，留之；将不听吾计，用之必败，去之

可以小试操练一番吗？"孙武说："可以。"吴王说："可以用妇女来操练吗？"孙武心知吴王是故意的，但仍一口答应："可以。"

于是将吴王宫中一百八十名美女交给孙武，孙武将她们分为两队，分别以吴王的二位宠姬为队长。孙武教她们持戟、进退、左右转的方法，然后三令五申军法刑罚。教完，擂鼓要那些"女兵"右转，宫女笑成一团。孙武说："规定不明确，是将领的错。"再三令五申，然后擂鼓要女兵左转，宫女又笑成一团。这次，孙武将脸孔一板，说："规定已经明确，士卒却不守法，是队长的错。"下令将二位队长斩首。

吴王阖闾在阅兵台上一见要斩爱姬，急忙派使者下至校场宣达："寡人已经知道将军能用兵了，希望不要斩二位爱姬。"孙武对使者说："将在军，君命有所不受。"当场下令斩了二位队长，然后新任命二位队长。

再次擂鼓，这一百七十八名宫女个个不敢出声，中规中矩地操练。经此一番"交手"，阖闾重用孙武为将领，向西击败楚国，向北威胁齐国、晋国。

历久弥新说名句

"将听吾计，用之必胜，留之"也有少数兵家诠释为"将领听从我的作战计划，才能克敌制胜，这种将领可以留下来，否则就开除之"。这种诠释，有一个历史故事可供印证：

唐朝中叶，藩镇跋扈，成德、淄青、魏博、山南东道等四个节度使联合起兵造反，称为"四镇之乱"。中央派出军队救平，但是却形成了新的军阀，再度发生"五镇联兵"作乱。

唐德宗重用陆贽，希望他提出对付藩镇的方法。陆贽上书指出："克敌之要，在乎将得其人；驭将之方，在乎操得其柄。"意思是：任用将领无能，则无法打胜仗；但若不能掌握刑赏的权柄，则不能驾驭有才能的将领，将成为不听指挥的骄兵悍将。

名句可以这样用

只爱看兵书却不务实际就是"纸上谈兵"；任命将领却不授权则是"君掣其肘"；国君礼贤下士、充分授权，将领才会"鞠躬尽瘁，死而后已"。

第一戒个骄字，第二守个廉字

名句的诞生

第一戒个骄字，心根之际[1]若有丝毫骄矜，则在下之营官必傲，士卒必惰，打仗必不得力[2]矣。第二守个廉字，名位日尊，岂有怕穷之理？……得了名，就顾不了利，莫作名利双收之望，但[3]重名扬万古之志。

——《曾文正公全集》

完全读懂名句

1. 之际：之间。心根之际：心里、心底。

2. 得力：努力、尽力。

3. 但：只。

语译：（担任将领）第一不能有骄气，心里如果有一丝一毫骄矜之气，那么他手下的带兵官也都会骄傲，士兵就会怠惰，打起仗来就不肯出力了。第二要谨守廉洁，名声和地位一天比一天高，哪还怕穷困呢？……想要名声，就不要回头再求利，千万不可奢望名利双收，只注重追求名扬万古的志向。

名句的故事

　　曾国藩一生最大功业是剿灭太平天国，面对擅长游击战、运动战的太平军，曾国藩对湘军的最高要求是"扎硬寨，打死战"，绝不允许浪战，"围点"时一定要有"打援"部队。但即使是如此一支要求步步为营的部队，也曾因为轻进深入，而遭逢重大挫败，那就是"三河之役"。那一役，湘军最精锐的李续宾营八千人，被太平军主力陈玉成等十万人（一说三十万人）包围在三河城，激战三昼夜，李续宾战死，曾国藩的弟弟曾国华也战死，逃出三河的残卒只有几十人！

这场败仗的最大罪人，应该是坐在北京城里"瞎"指挥的咸丰皇帝，他在十天之内七次下诏要求李续宾赶赴数百里外，援助胜保防卫京师外围；次一罪人是未能坚持"将在军，君命有所不受"的曾国藩；再次则是袖手说风凉话的官文，他说："续宾用兵如神，无所用援。"这句话道出了李续宾本身犯下的错误：在连续胜利之后，出现了骄气。因而轻敌冒进，因而官兵不得力，因而友军不相救！

曾国藩一生无论带兵、做官，最讲究"清、慎、勤"三字诀，清就是廉洁，而"慎勤"二字就以"戒骄"为前提。三河之败，更是他一再提醒弟弟们的惨痛教训。

实战印证

五代十国时，弘农王杨渥派出三万水军攻击楚王马殷，马殷担忧战情，楚国将领杨定真说："我军胜定了。"马殷问："何以见得？"杨定真说："两军对战，有戒惧之心则胜，有骄敌之心则败。如今淮南军队直趋我都城而来，这是骄而轻敌的表现；而大王有惧色，我因此知道我军必胜。"果然，后来楚军大胜，杀敌以万计，掳获战舰八百艘。

南宋抗金名将岳飞，金兵称他"岳爷爷"，军中流传"撼山易，撼岳家军难"。而岳家军的最有力武器，其实是"军纪"。岳飞每次受到朝廷奖赏，一定分给军吏，自己丝毫不取；每有战功，必归功于将士。因为他本身清廉，所以能严格要求军队，军卒做到"虽冻死不拆（民）屋，饿死不虏掠"，因而人民支持岳家军，所以说，军纪是最有力的武器。

名句可以这样用

"骄兵必败"不仅适用于军事，也适用于各种竞赛。主帅贪恋财货，必致"贻误戎机"；将校贪财必致"士卒异心"；兵士军纪不佳，百姓就不可能"箪食壶浆"了。

名句的诞生

人臣深晓[1]中略，则能全功[2]保身。夫高鸟[3]死，良弓藏；敌国灭，谋臣亡[4]。亡者，非丧其身也，谓夺其威，废其权也。……夫人众[5]一合而不可卒[6]离，权威一与而不可卒移。还师罢军，存亡之阶[7]，故弱之以位[8]，夺之以国[9]，是谓霸者之略。

——《三略·中》

完全读懂名句

1. 深晓：透彻了解。

2. 全：保全。功：战功。全功：持盈保泰的意思。

3. 高鸟：飞得很高的鸟。意谓"必须强弓才射得到"。

4. 亡：同"无"，此处做"利用价值没有了"解。

5. 众：军队。

6. 卒：突然。

7. 阶：同"际"，关键时刻。

8. 弱之以位：以官位交换，削弱兵权。

9. 夺之以国：以封国交换，收回兵权。

语译：做臣子的能够透彻了解《中略》，就能保全脑袋和战功。要知道，那飞在高空的鸟被射死以后，那张良弓就用不着了；敌国灭了以后，谋臣也就失去利用价值了。所谓"谋臣亡"那个"亡"字，未必一定是诛杀功臣，而

高鸟死，良弓藏；敌国灭，谋臣亡

是指收回、取消他的兵权。……由于军队一旦集合，解散是很不容易的事情；权威一旦授予，很难收回。军队凯旋归国是国家存亡的敏感时间，所以，用官位交换兵权、用封国交换兵权，都是霸主的谋略。

名句的故事

汉高祖刘邦打败项羽，平定天下之后，最不放心的有三人：淮南王英布、梁王彭越，齐王韩信，这三王后来在同一年"谋反"。

刘邦"深晓"兵权一旦授予就很难收回，所以第一步先将韩信由齐王改封楚王，也就是让他回到家乡。但是韩信不了解皇帝要他衣锦荣归的用意，到了楚国以后，巡视县邑时，都盛大军容阵仗出入。于是有人上书密告"楚王韩信谋反"，刘邦依陈平献计，夺了韩信兵权，用囚车载回洛阳。韩信此际说出："狡兔死，良狗烹；高鸟尽，良弓藏；敌国破，谋臣亡。天下已定，我活该被烹！"

身死国灭，战功泡汤。历史责备刘邦，可是韩信难道没有责任？

历久弥新说名句

越王勾践灭吴以后，越国大夫范蠡抛弃功名，带着西施乘船而去，到了齐国（浙江到山东），经商致富，自号陶朱公。他从齐国写信给另一位也是功臣的越国大夫文种，信中说："飞鸟尽，良弓藏；狡兔死，走狗烹。越王这个人，只能共患难，不可以共安乐，你为什么还恋栈不去呢？"

文种见信，称病不朝，仍有人进谗"文种谋反"，勾践因此赐文种宝剑，要他自杀。

勾践的情形和刘邦不同，文种都已经主动退休了，仍被赐死，可见范蠡真是有先见之明。遇上这种皇帝，功臣只能怪自己瞎了眼。

名句可以这样用

"兔死狗烹，鸟尽弓藏"是本句的简化成语，若再简化成四字，则多用"鸟尽弓藏"。

道天地将法

名句的诞生

故经[1]之以五事，校之以计[2]，而索其情[3]。一曰道，二曰天，三曰地，四曰将，五曰法。道者，令民与上同意也；……天者，阴阳、寒暑、时制[4]也；地者，远近、险易、广狭、死生也[5]；将者，智、信、仁、勇、严也；法者，曲制、官道、主用也[6]。

——《孙子·计》

完全读懂名句

1. 经：同"经纬"之经。犹言"大纲""重点"。

2. 校：量。计：算。校之以计：准确计算我方实力。

3. 索：求、探。情：实际情况。索其情：深入评估敌我优劣。

4. 阴阳、寒暑、时制：顺应四时气候发动战争。

5. 险：地势险要。易：地势平坦。死、生：兵家对战场地形的分类，《孙子·九地》有死地、生地。

6. 曲制：军队指挥系统。官道、主用：有多种说法，详见后述"兵家诠释"。

语译：所以要掌握五个要点，来评估己方战力，并探求敌我形势。这五个重点，一是政治（良窳），二是天时，三是地利，四是将领，五是法制。政治清明，可以让人民与君主同心协力；顺应天时，才不会耗尽民力；详细分析战场地形，不陷军队于不利地形条件；将领要兼具"智信仁勇严"五种德行；军队的指挥系统、通信系统与补给路线都要畅通。

兵家诠释

曹操：道就是"导"。训练军队充实战力、服从命令。

杜牧：道就是君主要施行仁政。

《三略》：得道者昌，失道者亡。（以上诠释"道"）

《司马法》：发动战争不违农时，冬、夏不动员作战，也就是"爱民"。（诠释"天"）

张预：用兵最重要就是了解地形。了解地形之后，才能妥善布阵、分配兵力、拟定战术。（诠释"地"）

梅尧臣：智能发谋，信能赏罚，仁能附众，勇能果断，严能立威。

贾林：专任智则贼（奸诈），偏施仁则懦（软弱），固守信则愚（僵化），恃勇力则暴（暴虐），令过严则残（苛刻）。这是提醒避免过度，亦即五德要平衡。（以上诠释"智信仁勇严"）

曹操：官是分职司事，道是粮路；主用是军需费用。

梅尧臣：官道，将校统率有道；主用，军队的粮草、补给品必须供应无虞。（以上诠释"法"）

实战印证

秦失其鹿，楚汉相争。韩信对刘邦分析：项羽神勇盖世，但却不能任用人才，这是"匹夫之勇"；对士卒慈爱，照顾病者时还会流泪，可是部下有功劳，应当封赏时，印信刻好了，却在手中摩挲，不舍得给予，这是"妇人之仁"；放逐义帝是为不义；大军所过之处，军民惨遭屠杀；这样的"霸王"，其实已失去天下人心。而刘邦入关中时，秋毫无犯，废除秦朝苛法，关中人民都期待刘邦能当关中的王。这是打胜仗的第一要素——"道"。

赤壁大战之前，周瑜为孙权分析曹操失败的四个因素当中，其中第四点就是"天时不利"。时值严冬，千里冰封，战马吃不到野草，必须自后方大老远运来。而曹操却驱使擅长骑马的北方士卒，投入河川湖泊打水战，水土不服，一定患病。曹操违反了战争的第二要素"天"。

东晋大将军刘裕讨伐南燕，南燕国王慕容超召集群臣，研究如何抵御晋军。公孙五楼身为武卫将军而建议："晋军远道而来，利于速战速决，我们不宜与之正面对抗。建议我军主力据守大岘，让他不得前进，拉长时间，消耗他的补给、挫折他的锐气。然后挑选精良骑兵二千，沿着山南，切断他的粮道。再派段晖率领外州援军，由山的东面出击。"这是一个充分了解并善加运用地形的作战计划，可惜慕容超未能采纳，兵败国灭——失"地利"而亡国。

楚汉对峙，魏王魏豹时而附汉、时而附楚，汉王刘邦派韩信率军讨伐魏豹。之前，刘邦先派郦食其去游说魏豹，魏豹不肯归附。刘邦问郦食其："魏军大将是哪一个？"郦食其答："是柏直。"刘邦说："那小子口中还有乳臭，不是韩信的对手。"再问骑兵、步兵将领，也都不是汉军灌婴、曹参的对手。果然，汉军将领胜，战争就胜。

明朝剿倭寇名将戚继光的战功彪炳，就靠一支亲自招募、训练而成的"戚家军"。戚家军选兵摒弃"城市游滑之人"，多用"乡野老实之人"。戚继光告诫这些憨直的农兵："你们当兵，虽是刮风下雨天不出操，一样领饷，这可都是家乡老百姓完粮纳税而来。你们要将心比心，打胜仗来保障他们。"因而，戚家军打仗非常勇敢，军纪又非常好，得到老百姓的支持，战无不胜。军"法"不一定用严刑峻法，总之，全军一条心，上阵听令不怕死最重要。

名句可以这样用

政治有道则"上下一心"，顺应天时则如"顺水推舟"，占得地利则"执其咽喉"，将领优秀则是"国之干城"。

百战不殆（胜负）

名句的诞生

凡用兵之法，全国[1]为上，破国次之；全军[2]为上，破军次之；全旅[3]为上，破旅次之；全卒[4]为上，破卒次之；全伍[5]为上，破伍次之。是故，百战百胜，非善之善者也；不战而屈人之兵，善之善者也。

——《孙子·谋攻》

完全读懂名句

1. 国：都城。全国：降服敌国，保全敌国都城与军民。

2. 军：周制一万二千五百人为一军。

3. 旅：五百人为一旅。

4. 卒：百人以上（五百人以下）为卒。

5. 伍：百人以下（五人以上）为伍。

语译：大凡战争的原则，能够保全敌国都城，不必（付出伤亡代价）攻破它，是为上策，攻破而取得胜利，就逊一些；能够让敌人全军降服是上策，击溃敌人全军就逊一些（因为我军也会相对伤亡）；依此类推，能保全敌军一旅、一卒、一伍都好。以此之故，百战百胜称不上善战者当中的高明，能够不战而让敌军屈服，才是高明中的高明啊！

兵家诠释

《尉缭子》：军队训练精良，准确

百战百胜，非善之善者也；
不战而屈人之兵，善之善者也

评估敌我形势，令敌方气馁而不敢战，这叫作"道胜"；破军杀将，以武力占领敌国土地，这叫作"力胜"。

贾林：保全了敌军，我军也得以保全，乃是上策。

实战印证

春秋晚期，吴王夫差率大军北上争霸，先在艾陵击败齐军，然后在黄池诸侯大会上，与晋定公争盟主地位。这时，越王勾践趁吴国内部空虚，出兵袭击姑苏城，军情传到黄池，夫差非常忧虑，召集大夫会商。夫差问："我们大军离开国境遥远，现在是应该放弃争盟主，还是继续前进，哪个有利？"王孙骆说："撤军回师有可能陷入两面受敌困境，而且军队士气肯定低落。不如奋力前进，执诸侯之长的权威，然后再回师攻越。"于是吴王夫差下令全军吃饱，马也喂饱，穿上铠甲，持火把连夜急行军，而且军容壮盛、阵容整齐、旗帜鲜明、服装华丽，一片火海涌向晋军阵地，在鸡鸣时抵达距晋军一里远处。夫差亲自擂鼓，三军一同喧哗，其声惊天动地。

晋军惊恐非常，不敢出战迎敌，坚壁不出，派童褐到吴军营地谈判。夫差态度强硬，姿态很高，童褐回营复命，对晋国执政大夫赵鞅说："我观察吴王神色，似乎内心有很大的忧虑。无论是什么原因使然，吴军都会轻于赴难，建议不要和他们交战，也不宜为了盟会排位子之争，危害国家安全。"赵鞅采纳了这个意见，在黄池大会上，让吴王夫差"居长"（盟主位）。

这是《吴越春秋》的记载，可是《史记》却记载"夫差让晋定公居长"。此处不多做考据，重点在于，夫差善用威势，达到"不战而屈人之兵"，赵鞅也基于"全军为上"，不跟吴军硬拼，后来吴王夫差亡于勾践，盟主仍然归晋国。

名句可以这样用

俗话说："杀敌三千，自损八百"，经过战斗才得到的胜利，势必要付出代价。所以说，能够不战而屈人之兵，才是最高明的军事家。

知彼知己，百战不殆

名句的诞生

知彼[1]知己[1]者，百战不殆[2]；不知彼而知己，一胜一负[3]；不知彼，不知己，每战必殆。

——《孙子·谋攻》

完全读懂名句

1. 彼：敌方。己：我方。知彼知己：了解且正确评估敌我实力、形势、主将思考模式等。

2. 百战：言其多也。殆：危险。

3. 一胜一负：胜负机会各半。

语译：能够了解敌人，同时能了解自己，也就是正确评估敌我实力的将领，打再多的仗也不会陷军队于险境；如果不了解敌方，但是能充分掌握己方情况的将领，胜败的机会各半；那些不了解敌人也不了解自己的将领，每次作战都会让军队陷于危险处境。

兵家诠释

杜牧：评估敌我的要素有五：施政、将领、兵力、后勤、地势。

李筌：所谓"知己而不知彼"，是自恃己方强大而轻敌、不探听情报，则虽强仍暗伏败因。

李靖：将领要"料敌之心，察敌之气"、料敌之心就是"知彼"的功夫，蓄积我军士气就是"知己"的功夫。

实战印证

清朝中兴名将曾国藩是书生治兵，却能在清军溃不成军、太平天国锐不可当的情势之下，力挽狂澜，很重要的一项本事就是"知彼知己"。若形势不明，宁可不求功，力持"稳扎稳打"原则。

曾国藩将"兵贵神速"的教条抛在脑后，认定"用兵易于见过，难于建功"，所以"以不败为先"。并非他没读过兵法，而是他坚守《孙子》这一句"百战不殆"。

曾国藩曾经在一封家书中评论了双方将领的守城特点："林启荣之守九江、黄文金之守湖口（林、黄二将皆太平军），乃以消寂无声为贵；江岷樵（江西巡抚江忠源之字）守江西省城，亦禁止拆列矩。都是'己无声而后可听人之声'的道理。"正由于他熟悉太平军诸将领的风格与能力，也明了自己手下将领的性格，所以他总是可以做出正确的战略指导。例如攻安庆的关键一役，就指令曾国荃"紧守围城不战""不分心攻城"，以优势兵力困住敌军主力，然后"围点打援"。这一招果然奏效，而安庆一下，金陵（太平天国的"天京"）就被孤立了。这是"知彼知己"的范例。

东晋时，前秦苻坚率百万大军南征，有人劝他："东晋人才济济，不可轻视。"苻坚说："我拥有百万大军，每个人手中的马鞭投入长江，就足可阻断江水（'投鞭断流'语出此典），有什么困难呢？"后来在淝水大战吃了败仗，更被后世引为"不知彼而知己"的代表作。

名句可以这样用

常常看到、听到"知己知彼，百战百胜"，虽不能说误用，但肯定是错解了《孙子》原意。首先，"知彼"应在"知己"之前。其次，即使"知彼知己"，也只能"百战不殆"，不能保证必胜。如果实力悬殊，就该避其锋锐，那也只是"不殆"，可不是"胜利"。

名句的诞生

譬如奕棋，两敌均[1]焉，一着[2]或失，竟莫能救。是古今胜败，率[3]由一误而已，况多失者乎！

——《李卫公问对·下》

完全读懂名句

1. 均：相当。用法如"势均力敌"。

2. 着：围棋落子称为"着"。

3. 率：大概、大约、大体、亦常用"大率"。

语译：以下围棋为譬喻，双方实力相当，有时一着失误，就造成无可挽回的败局。所以，古今战争的胜败，大概都是由于一着失误而已，更不必说多次失误的情况了！

名句的故事

唐太宗与李靖谈论兵法，太宗说："我看兵书千章万句，总不出'用尽方法造成敌人失误'一句而已。"李靖乃以下围棋为喻，引申太宗的观点，"若敌人不失误，我军如何能取胜"，同时戒惕"自己不失误"的重要性。

明代兵学家何守法曾借用《李卫公问对》这一段，以围棋譬喻三国形势：我看古代的将领，具有全面才能的很少，以一二项"小术"（小谋略、小战术）打赢"无术"的多。只有三国时代的各国君臣，都属一时之杰，所以战术、战略不相上下，往往一场战役，分出胜负的关键，只在算计多寡之间。好比下围棋，双方都是国手，偶尔有一手失误，就输了一局。那个时代，三国中若有一国很愚蠢，就会成为"二分天下"，若有二国很笨，天下就统一了，不必等到后来的晋朝。呜呼！孔明所处的环境真是艰苦啊！（诸葛亮最优秀，可是蜀汉实力最弱，所以只能维持三分天下。）

历久弥新说名句

以围棋比喻兵法的例子不少，将兵法运用到围棋的著作更多：

宋朝的张靖酷爱棋道，他仿《孙子兵法》，作了《棋经十三篇》，被古今棋家奉为宝典。

宋朝"棋待诏"（国手）刘仲甫的著作中，有《棋诀》四篇：一布置、二侵凌、三用战、四取舍，即暗合布阵交战的道理。到了明朝，有一本围棋书《玉局勾玄》，在刘仲甫"四诀"之后，又加了"十诀"：不得贪胜、入界宜缓、攻彼顾我、弃子争先、舍小就大、逢危须弃、慎勿轻速、动须相应、彼强自保、势孤取和。这"十诀"技术上仍合兵法，但因胜负在"棋子"，所以已完全没有兵家的"仁道精神"了（例如："弃子争先"）。

明太祖朱元璋的第十七个儿子宁王朱权，琴棋书画都很行，也喜欢谈论兵法，辑有棋书《烂柯经》，其中名句如"善胜者不争，善陈者不战，善战者不败，善败者不乱"，有古代兵家之风。可是他的算计不如四哥燕王朱棣，被骗去了领地、军队，郁郁以终，正应验了"率由一误"——误信燕王答应与他"平分天下"。

名句可以这样用

军事上，若是"众寡悬殊"，就只能"多方以误之"，希望对手"多失"，己方才能"积小胜为大胜"。

国之大务，莫先于戒备

夫国之大务，莫先于戒备。若夫失[1]之毫厘，则差若千里，覆[2]军杀将，势不逾息[3]，可不惧哉！故有患难，君臣旰[4]食而谋之，择贤而任之。若乃居安而不思危，寇[5]至不知惧，此谓燕巢于幕[6]、鱼游于鼎[7]，亡不俟[8]夕矣！

——《将苑·戒备》

完全读懂名句

1. 失：错失。

2. 覆：亡、灭。

3. 逾：超过。息：呼吸。势不逾息：形势变化之快速，就在呼吸之间。

4. 旰：音"gàn"，日落、黄昏。旰食：到黄昏才进食。

5. 寇：敌人。贼、寇、匪，都是对敌人的贬义称呼。

6. 幕：帐幕。燕巢于幕，自以为安居，却随时有覆巢之祸。

7. 鼎：烹调食器。鱼游于鼎，意指"不知死之将至"。

8. 俟：等。夕：晚上。俟夕：就在今天，就在眼前。

语译：国家最重大的事务当中，没有比国防更优先的了。若是国防戒备有毫厘的错失，其结果会造成千里之差，也就是导致军队覆灭、将领阵亡，形势变化的快速，可能就在呼吸之间（根本来不及反应），岂能不戒慎恐惧呢？所以，当有患难之事发生，朝廷君臣应该苦思对策而忘了饮食，并且推选最优秀的将领去承担任务。如果居安不思危，敌人来了却不戒慎恐惧，那就应了成语"燕巢于幕，鱼游于鼎"，国家灭亡就在眼前了！

兵家诠释

《吴子》：将领应当慎重的有五点：理、备、果、戒、约。"理"就是指挥系统，"果"就是义无反顾，"约"就是法令简明。而"备"要做到"出门如见敌"，随时保持警觉；"戒"要做到"打了胜仗，仍然像战斗刚开始那样警戒"。

《百战奇略》：军队出师打仗，行军时要防备敌人突击部队的中段（以防大军被分断），停下休息时要防备偷袭，宿营时要防备劫营，起风则要防备火攻。粮食与粮道是最需要守护的，我方的粮道要时时戒备，敌人的粮道要分兵去切断它。军队有粮则胜，无粮则亡。

实战印证

三国时，安徽、苏北一带是曹操与孙权的争战地区，双方都任命"扬州刺史"，不时发生小战争，也常是大战的战场。曹操任命的扬州刺史刘馥到任后，修建合肥城，在城内兴学校，城外广屯田，并修建水利。于是这个战乱地区出现了一个"小天堂"，流离的人口迅速往合肥聚集。人力充沛后，刘馥着手构筑军事工事（高垒深壕）、储备木石（防城工具），并且动员人民编织数千块搭草屋用的"苫"。

刘馥后来调往他郡，而东吴数万大军围攻合肥城，一百多天攻不下来。适值雨季来临，连绵大雨使得城墙眼看要崩坏，这时，刘馥任内编织的苫蓑派上用场，覆盖在城墙露土之处，保住了城墙。东吴久攻不下，退兵，合肥人民愈加感念刘馥的"未雨绸缪"。

名句可以这样用

国防不只是打仗，而是平时就要"居安思危"，储备武器、粮食、器械就能"有备无患"。

名句的诞生

用兵之法，无恃[1]其[2]不来，恃吾有以待[3]也；无恃其不攻，恃吾有所不可攻也。

——《孙子·九变》

完全读懂名句

1. 无：不可。恃：依赖。无恃：不可心存侥幸。

2. 其：他。指敌人。

3. 待：对待。有以待：有防备。

语译：国防的最高法则是，不可以心存侥幸，认为敌人不会来，国家安全的信心应建立在随时准备作战的基础上；不可以认为敌人不会进攻而心存侥幸，而应该做好防备，让敌人无隙可乘。

兵家诠释

梅尧臣：可以放心依恃的是"永远不松懈、有准备"。

杜佑：安则思危，存则思亡。

何氏：古时候诸侯相见（于国际盟会），都不撤警卫军队。也就是说，即使是"文事"（外交场合），也必须有武备，何况边防。

无恃其不来，恃吾有以待也

实战印证

西汉时，与李广齐名的边防名将程不识，治军作风与李广迥异。李广带兵放任自由，每到有水草的地方，军队扎营休宿，人人自便，只派出斥候到很远的地方。程不识的部队军纪严肃，队伍井然，宿营夜晚一定击刁斗（食器，夜间巡更敲击发声），军队随时都维持在警戒状态。当然汉军士卒都乐于追随李广，而以被派到程不识部下为苦。程不识说："李广治军简易（军纪不繁细），士卒逸乐，都愿意为他效死；我军军纪严明，士卒虽然辛苦，但是敌人（匈奴）也不得侵犯。"事实上，李广"远斥候"也是一种防备的方法，以斥候的辛苦，换宿营部队的轻松，其风险则在"斥候也是凡人，会疲累、疏忽、偷懒"，程不识的部队风险较小。

三国时，魏国大将吴鳞率军南征（吴），大军宿营，先头部队与吴军隔河相对。先锋满宠对诸将说："今晚风势很猛，敌军必来烧营，我们要有准备。"于是全军戒备。夜半时分，吴军果然渡河来偷袭，被杀得大败。

春秋时，鲁僖公讨伐邾国，帮须句复国。（邾、须句都在今山东境内，都比鲁国小很多）邾君又发动报复战争，鲁僖公认为邾国很小、不够看，所以不做防御工事。鲁大夫臧文仲劝谏："国君不可因为邾国弱小，蜜蜂和虿（形似蝎子的小虫）都有毒性，螫人都会痛、会肿，何况一个国家反扑？"可是鲁僖公不听。结果，两军交战，鲁军败，邾军掳获鲁僖公的甲胄，将之悬挂在城门上示众。即使众寡悬殊，强国不防备，也会吃败仗。

春秋时，晋国向虞国借道攻打虢国，虞国大夫宫之奇劝谏

"晋国企图不良，不可答应"。晋国乃以名马、美玉收买虞君，并且和虞国联军攻占虢国的下阳，然后班师。下次再向虞国借道，虞君不疑有他，就答应了。晋军顺利灭虢，回军时，"顺道"灭了虞国。

名句可以这样用

　　本句的相对应四字成语是"有备无患"，程不识夜间宿营加强戒备是"刁斗森严"，吴军夜袭魏军的要领是"偃旗息鼓"，满宠设伏以待是"入吾彀中"，鲁僖公是"骄兵必败"，虞国国君是不懂"唇亡齿寒"。

立于不败之地

名句的诞生

善战者，立于不败之地[1]，而不失[2]敌之败也。是故胜兵先胜而后求战，败兵先战而后求胜。善用兵者，修道而保法[3]，故能为胜败[4]之政[5]。

——《孙子·形》

完全读懂名句

1. "不败之地"有二解：一为形势上的"不败地位"，一为先占险要地形优势。

2. 失：错过。

3. 道：施政。法：法制：也就是"道天地将法"五件国防大事中的二项。

4. 胜：动词，战胜。败：名词，敌方暴露出弱点、破绽、虚隙等败因。

5. 政：有二解，一为政治，一作"权"字解，掌握胜败之权。

语译：善于打仗的人，总是使己方处于不败的地位（或位置），而不错失敌方显露出来的败机。因此，胜利的军队总是先有胜算，然后才开战；失败的军队则是先开战再说，企求侥幸的胜利。善于战争的领袖或将领，肯定是修明政治、严肃法纪，所以能施行战胜对手的政治。

兵家诠释

《尉缭子》：军队如果不是必胜，不可以轻言开战；城池如果没有十成把握攻下来，不可以轻易发动攻城。（对方若立于不败之地，我方不可轻言开战。）

《李卫公问对》：李靖评论李绩、李道宗"用兵不大胜亦不大败"，是"节制之兵"（也就是"先胜而后求战"的将领）；薛万彻"若不大胜即大败"，是"幸（侥幸）而成功者"（也就是"先战而后求胜"的将领）。

杜牧：策定敌人无法战胜我方之计，乃能立于不败之地。

实战印证

汉高祖平定天下后，淮南王英布（黥布）起兵造反，汝阴侯夏侯婴将门下宾客薛公推荐给刘邦，刘邦请薛公分析形势。薛公说："英布可能采取的战略，有上、中、下三计。如果他采用上计，东方攻取苏州、西方攻取徐州，兼并齐鲁（山东），号召燕赵（河北），固守他的根据地（淮南），那么，太行山以东将不再是汉朝土地；如果他采用中策，东取苏州，西取徐州，兼并韩魏（河南、河北），抢占敖仓，据守成皋，那么，胜败尚未定；如果他东取苏州，西取下蔡（河南），往浙江、湖南进兵，陛下就可以高枕无忧了。"刘邦问："你认为英布会采用哪一计？"薛公说："下计。"于是刘邦亲自领兵，讨伐英布。战事发展果如薛公所料，最后英布兵败身亡。

薛公分析英布的三策，上策就是"立于不败之地"：守住自己的根据地，攻取左近不友善的封国（吴楚都是刘邦的儿子封王），联络同怀忧惧之心的诸王；中计则是"先战而后求胜"：攻取左近封国之后，向关中进兵，冀求一战决定天下；下计则是"柿子挑软的吃"，失去地利，且与南方诸侯为敌，自弃"胜败之权"。刘邦一生戎马，自然把握机会"不失敌之败"，御驾亲征，平定叛乱。

名句可以这样用

自己先"立于不败之地"，才能冷静地等待对手"出此下策"，但仍得"算无遗策"，然后才能"马到成功"。

名句的诞生

昔之善战者，先为不可胜[1]，以待敌之可胜[2]；不可胜在己，可胜在敌。故善战者能为不可胜，不能使敌之可胜。故曰，胜可知而不可为[3]。不可胜者，守也；可胜者，攻也。守则不足，攻则有余[4]。

——《孙子·形》

完全读懂名句

1. 不可胜：不予敌方可胜之机。

2. 可胜：可以取胜的机会。

3. 胜可知而不可为：胜利可以预见，但不可以勉强取得。

4. 守则不足，攻则有余：倒装用法，力量不足则采取守势，力量有余则采取攻势。

语译：古时候会打仗的人，总是先不予敌方可胜的机会，然后等待敌方露出破绽。不让敌方取胜，操之在我；敌方出现弱点则操之在敌。因此，即使最会打仗的人，也只能创造己方不败的条件，而不能使敌人必定让我取胜。所以说，胜利可以预见，但不能勉强取得。不让敌方取胜靠防守，把握胜利契机靠攻击。力量不足则采取守势，力量有余则采取攻势。

兵家诠释

李筌：一个好的将领，一定先做

好防御工事、深沟高垒、囤积粮草、训练战技、提高士气；布阵则犄角相连、首尾相应；这些都是"先为不可胜"。然后准备攻城器械，或派出斥候，或联络友军，"以待敌之可胜"。

杜牧：敌方若布阵坚实，无虚懈可乘，那么，我方虽操必胜之策，又安能取胜？所以说"胜可知而不可为"。

张预：采取守势，是由于取胜之道仍不足，所以蓄势以待。等到评估有余力时，就抓紧机会出击，绝非"为求万全而不出战"的意思。

实战印证

五胡十六国争战期间，后燕围攻前秦邺城，久攻不下，后燕国主下令各军撤回根据地冀州整补。原本后燕乐浪王慕容温和骠骑大将军慕容农联合夹击丁零（北方游牧民族之一）军，慕容农部队一走，防区诸城全被丁零占据。慕容温对诸将说："以我们的人马实力，'攻则不足，守则有余'，眼前的首要之务，是聚集粮秣、训练士卒，以等待时机。"丁零首领翟真见慕容温只守不攻，以为力弱，因而发动夜袭，被慕容温痛击，从此不敢进犯。这是"先为不可胜，以待敌之可胜"的一个好例子，同时也对"守则不足，攻则有余"的倒装用法，做了绝佳诠释。

三国时，曹操派人在庐江（安徽）一带屯田，并派人招揽鄱阳湖（江西）一带的流离民众，欲以那一带为南进基地。孙权下令亲征，一朝一夜，各路兵马毕集。孙权召开军事会议，征询诸将意见，诸将建议"构筑高垒，先为不可胜，以待敌之可胜"。但吕蒙独持异议："对方已经做好防御，现在正等待援军，援军一至，就无法攻击了。我观察这座城的防御有缺陷，以三军锐气攻之，应该可以很快攻下。"孙权同意急攻，吕蒙亲自擂鼓指挥，拂晓攻击，中午攻下。曹军大将张辽率援军前来，听到庐江城已陷，就撤退了。吕蒙的战略是不让敌军完成"不可胜"的准备。

名句可以这样用

球类比赛的名言："没有好的防守就不可能赢球。"可视为兵法"先为不可胜，以待敌之可胜"在运动竞技上的应用。

举秋毫不为多力，见日月不为明目，闻雷霆不为聪耳

名句的诞生

见胜[1]不过[2]众人之所知，非善之善者也；战胜[3]而天下曰善，非善之善者也；故举秋毫[4]不为多力，见日月不为明目，闻雷霆不为聪[5]耳。古之所谓善战者，胜于易胜[6]者也。故善战者之胜也，无智名，无勇功。

——《孙子·形》

完全读懂名句

1. 见胜：预见胜利。

2. 不过：无过于，未能超过。

3. 战胜：争锋力战而得胜。

4. 秋毫：兽于夏季脱毛，秋天新长的毛最轻最细。"秋毫之末"则意指尖细如秋毫之端。

5. 聪：听觉灵敏。

6. 易胜：轻松获胜。相对于"战胜"。

语译：预见一般人都看得到的胜利，称不得最高明的；大动干戈而得到天下称赞，也称不得最高明的。就好比举起秋毫称不得有力量，看见太阳、月亮称不得眼力好，听到雷霆巨响称不得听力好同一道理。古时候受称道的"善战者"，都是在不费力的情况下取胜，所以说，善战者得胜后，常常不能博得"有智谋"的名声，也不会建立赫赫战功。

兵家诠释

《六韬》：智与众同，非国师也；技与众同，非国士也。意思是，才智与众人相同，称不上国师（君主的导师）；技术与众人相同，称不上国家级的工匠。

张预：见微察隐，取胜于无形，才是最高明。

杜牧：消弭祸患于未萌之前，击败敌人于未成形之前，天下人都尚未察觉，所以"无智名"；兵不血刃，敌人已投降，所以"无勇功"。

实战印证

楚汉相争期间，刘邦派韩信率军攻打赵国。韩信大军出井陉后，对诸将说："攻破赵军再一同会餐。"诸将口头应答，心里都不以为然，因为违反了"军队吃饱才有力气打仗"的常识。韩信派出一支部队，背水结阵，赵军望见都大笑，因为那违反兵法原理。结果，一仗下来，赵军溃败，主将成安君陈余被杀，韩信才向诸将说明他的战术。韩信"过人"之智慧，称得上高明。

刘邦得天下后，诸将争邀功，刘邦一时拿不定主意如何封赏。有一阵子，他由宫楼上望见诸将常常聚坐在地上，不知讨论何事，就问张良："诸将群聚讨论何事？"张良说："陛下不知道吗？他们在讨论谋反啊！""天下已经平定，为何还要谋反？""因为他们不晓得能不能得到封赏，人心不定。"

刘邦忧心忡忡，问："那该怎么办？"张良："陛下平素最憎恶，且为诸将所知的是哪一人？""雍齿有功，可是与我不和。"于是张良建议："先封地给雍齿，人心就安了。"

刘邦封雍齿为什邡侯，诸将闻讯欢喜互道："雍齿尚且得封，我何须担心？"张良消弭一场祸乱，无智名、无勇功，比起有智名，有勇功的韩信，更符合《孙子》的"善战者"定义。

名句可以这样用

兵家的理念是"武以止戈"，最高境界是"不战而胜"。如果非要大动干戈，总难免"一将功成万骨枯"。

名句的诞生

明君贤将所以动而胜人[1]，成功出于众者，先知[2]也。先知者不可取于鬼神，不可象于事，不可验于度[3]，必取于人，知敌之情者也。

——《孙子·用间》

完全读懂名句

1. 动：发动战争。动而胜人：出师必胜敌人。

2. 先知：事先知道情报。

3. 度：量。验于度：用量化的标准来检验。

语译：英明的君主和能干的将领，之所以能够不发动战争则已，一发动必能战胜敌人，建立超过平均、非比寻常的功业，莫不由于事先情报灵通。情报不是由祈祷、占卜等鬼神之事而取得，情报更不能以有形标准衡量其价值，一定要由知道敌情的人取得（也就是间谍）。

名句的故事

《孙子·用间》开宗明义就说：发动十万军队，远赴千里外征战，老百姓和政府每天要花费千金，全国动员支持前线，往来途中疲于奔命的（差役）、不能耕作的（农民），七十万户人家。（周朝的制度，每七户供养一士）如此持续数年，只为了那"胜利的一天"。所以君主或将帅若舍不得金钱、爵禄（赏给臣子），得不到敌人情报，那就是吝惜财物而轻视人命，是至为"不仁"的。

兵家既然是以"仁"为本，当然就是以人命为至上。而情报（先知）可以减少伤亡，所以情报无价，花再多钱也值得。

历久弥新说名句

周武王伐纣，大军行进到牧野，遇上雷雨，雷击折毁了武王的旗鼓。周大夫散宜生建议"卜吉而后行"，因为军队因这个突如其来的雷击而传言纷纷，卜筮得吉卦可以安定人心。姜太公吕望说："腐草枯骨（筮用草、卜用龟）怎么能决定国家大事？"——不取于鬼神。

楚汉相争，项羽大军将刘邦包围在荥阳。刘邦问陈平有什么对策，陈平说："项羽待人温和有礼，可是对赏功封爵很小气。如果大王能够拿出数万斤黄金，对楚军进行策反，项羽为人忌刻，必定造成内部离间。届时再进攻，一定能破楚。"刘邦采纳这个建议，拨四万斤黄金给陈平，任他运用，不问出处。这一招终于收效：刘邦安全返回关中。这就是不计代价进行间谍战。

战国时，燕将乐毅攻齐，连下七十余城，齐国只存莒与即墨二城。齐将田单先以反间计，使燕惠王将乐毅换掉，改派骑劫为将，造成燕军内部不服。然后下令即墨城中百姓，吃饭前必须先在庭院祭拜祖先，吸引了飞鸟"翔舞下食"，此一奇景造成燕军议论纷纷。田单乃放话出去"有天神下界来教我"，并且找了一个小兵扮演神师，每有命令，都说是"神师指点"。

最后田单发动"火牛阵"，击溃燕军，收复失土。

后人多以此典故当作"善用鬼神以励士气"的范例，其实不然。田单是"利用鬼神愚弄敌军"，与《孙子》所说"先知者不可取于鬼神"道理一致。——自己不因鬼神而取胜，但可以让敌人信鬼神而致败。

名句可以这样用

情报灵通可以"料敌如神"，离间计可以使敌人"分崩离析"，但若以占卜结果当作情报，可就"愚不可及"了。

师克在和不在众

名句的诞生

敖[1]曰："盍[2]请济师[3]于王。"对[4]曰："师克在和[5]不在众。商周之不敌[6]，君之所闻也。成军以出，又何济焉？"对曰："卜之。"对曰："卜以决疑，不疑何卜？"遂败郧[7]师。

——《左传·廉败郧师》

完全读懂名句

1. 敖：莫敖，楚国官名，位次宰相。这一位莫敖的名字叫屈瑕。

2. 盍：何不。

3. 济：增加。

4. 对：下对上答话。说话人是楚国大夫廉，楚军副帅。

5. 和：进退一致，相互奥援。

6. 不敌：众寡悬殊。

7. 郧：音"yún"，春秋时南方小国。

语译：莫敖说："是不是该向国君请求增兵？"廉回答："军队打胜仗，靠的是进退一致，全军能发挥整体战力，而不在于人数多寡。当年商纣王的军队远超过周武王（周以寡胜众灭商），这是阁下所熟知的。如今大军已出发，又何必再请求增兵？"莫敖说："那就用卜卦来决定吉凶。"廉说："心有疑惑难决才用卜卦求解，今日之事没有疑惑，哪用得着卜卦？"结果一战击败郧国军队。

名句的故事

屈瑕领军出征，原本只是要去和贰、轸这两个小国会盟（大国与小国"盟"，实质意义是逼小国表态臣服），但是郧国联合了另外四个小国，要抵制这次盟会。

五国联军在蒲骚集结，准备攻击楚军。屈瑕有点胆怯，于是有本文之对话。廉同时主动请缨，由他领军夜袭郧军阵地，只要打败郧军，另外四小国的军队自然就会退去。屈瑕采纳了廉的战术，一战成功。而斗廉的名句"师克在和不在众"，乃为后世将领奉为经典，也是以寡击众的信心基础。

历久弥新说名句

明朝时，广东发生峒族作乱，新会知县韩雍受命剿匪。可是地方军队人少，峒族人多且熟地利，韩雍是个文人，为此忧心忡忡。

县丞陶鲁自告奋勇领兵进剿，韩雍说："我辖下只有千余兵卒，保卫县城都不够，岂能轻出剿匪？"陶鲁说："峒贼难攻，不是因为他厉害，是我们自己退缩。兵在精，不在多，如果团结一心，合力杀贼，三百人足够了。"韩雍准他带三百人前往，陶鲁乃公开招募"能力举千钧，箭射二百步"的好手，数日内招足。陶鲁亲自带领操练阵法，与三百人共甘苦，这三百人都愿为他效死。然后带领这支陶家军出城剿匪，山区盗匪听到陶家军来了，不是逃就是降，不到一年，新会一带完全平靖。

兵凶战危，战场上生死在须臾间。人都爱惜自己性命，军队之所以勇敢作战，知道"有弟兄会掩护我们左右"是很重要的心理状态。

名句可以这样用

没有纪律的军队是"一盘散沙",没有训练的军队是"乌合之众",将领不能与士卒共甘苦则"上下离心",各怀鬼胎的联军难免"坐视不救"。

这些都难以发挥统合战力,遇上进退如一的精锐之师,很可能被击溃而"东投西窜"。

名句的诞生

慎在于畏小[1]，智在于治大[2]，除害在于敢断，得众[3]在于下人[4]。

——《尉缭子·十二陵》

完全读懂名句

1. 畏：惧。畏小：不敢轻忽小问题。

2. 治：持。治大：把握大方向大原则，凡事大局出发。

3. 得众：赢得兵众拥护。

4. 下：放低姿态。下人：同"下士"，谦恭待人。

语译：谨慎的要点在不轻忽小问题，明智的要点在从大局出发，除害的要点在敢于决断，赢得兵众拥护的要点在谦恭待人。

名句的故事

"陵"是"严峻"的意思，"十二陵"是《尉缭子》指出将领治军必备的十二项特质与养成要点，以及将领最不可犯的十二个错误与造成错误的根源。

十二必备特质是：立威在于不轻易动摇、施惠在于及时、机敏在于因事制宜、作战在于激励士气、进攻在于出其不意、防守在于难测、不失误在于思虑周密、不困惑在于早做准备、谨慎在于不轻忽小问题、明智在于大处着眼、除害在于敢做决断、得人心在于礼贤下士。

十二必不可犯的错误是：后悔由于犹豫、造孽由于屠杀、偏心由于私欲、不详由于厌恶听到自己的过失、失控是由于耗尽民财、不能明察是由于受到离间、不切实际是由于轻易行动、浅薄是由于远离贤人、祸患是由于贪图利益、受害是由于亲近小人、灭亡是由于不守备险要之处、危险是由于军队不听号令。

历久弥新说名句

商纣王做通宵达旦的"长夜之饮"，由于狂欢过度，竟然忘了年月日，问左右侍臣，也都不知道（全体皆醉）。于是派人去问箕子"今天是什么日子？"箕子对他的仆从说："身为天下之主，竟然举朝都忘了年月日，天下已经到了非常危险的地步。举朝都不知道，只有我一个人知道，那我岂不是很危险吗？"于是向纣王派来的侍者表示"自己也喝醉了，不知道今天是哪一天了"。

这个故事出自《韩非子》，虽非指军事，但是箕子由小问题（长夜饮而失日）看到大危机，反衬出纣王"不能畏小"，而箕子的自保之道正是"智在于治大"。

清朝曾国藩率领湘军对抗太平天国，有一次，"老湘营"（最早成军的湘军部队番号，为主力部队）在吉安打败太平军，曾国藩在写给老湘营统领张运兰的信中，指出这次胜利的原因："各营稳扎稳打，自然立于不败之地。与悍贼交手，总以

能看出他的破绽为第一要务。如果贼军全无破绽，而我军冒冒
失失前去交战，那么，我军一定会有破绽被敌人看出来。希望
你今后对于这一点，能够更加留心细察。"

　　"破绽"通常出在小地方，小问题不注意，交战就会出现
大破绽。稳扎稳打就是"谨慎"，要求部将"留心细察"就是
要他"畏小"。

名句可以这样用

　　从小问题看出大问题叫作"见微知著"，凡事皆以处理大
问题的态度去解决，才能"大事化小，小事化无"。

小敌之坚，大敌之擒也

名句的诞生

用兵之法，十则围之[1]，五则攻之[2]，倍则分[3]之，敌[4]则能战之，少则能逃[5]之，不若[6]则能避之。故小敌之坚[7]，大敌之擒[8]也。

——《孙子·谋攻》

完全读懂名句

1. 十：十倍。兵力十倍则行围城作战。

2. 五则攻之：兵力五倍则行攻城作战。

3. 分：运用战术令敌人分兵。

4. 敌：实力相当。

5. 逃：匿。不让敌军捕捉我军主力。

6. 不若：实力不如对方。

7. 坚：硬拼。

8. 擒：俘虏，被捉到主力而败亡或被俘。

语译：作战的法则，兵力十倍于敌，就可以采取围城作战；兵力五倍于敌，就应该采取攻城作战；兵力两倍于敌，应运用战术令敌人分兵作战，各别击破之；实力与对手相当，就正面迎战（勇者胜）；兵力少于对方，就要虚虚实实，让敌军捉摸不定（击其弱点）；实力不如对方，就要暂且避开势头（待机而动）。所以说，弱小的军队若恃勇硬拼，就会成为强大敌人的猎物了。

兵家诠释

杜牧：兵力十倍于敌，才能四面围住，而无阙漏。

王晳：兵力五倍于敌，则不要给敌方休息、喘口气的余裕。

曹操：孙子的说法是假设敌我将领之智勇相等，部队战力相当，如果我军比对方精良，则不必拘泥兵力的"倍数"。

杜牧：暂避锋锐，等待敌方露出破绽，才奋起求胜。

陈皞：避开敌军锋锐，属于骄兵之计。

梅尧臣：实力悬殊却不逃不避，虽然志坚强也必遭擒。

杜牧：实力不足一战，仍强硬对抗，以致被俘，是将领的错误。

实战印证

汉朝"飞将军"李广的孙子李陵有乃祖之风，精骑射，受士卒爱戴。汉武帝派武师将军李广利率领三万人北伐匈奴，另派李陵带领五千人作为牵制部队。孰料，李广利的大军主力对上匈奴右贤王的八万大军，李陵的五千人被匈奴单于的八万大军"追捕"。李陵带着兵力奋勇对抗，杀伤匈奴万余人，可是己方兵器、弓箭用尽，粮食也吃完了。力战八日，不见援军，终于投降，逃回汉朝的散兵只有四百余人。后世注释《孙子》的兵家，多以李陵为例，说明"弱势一方的将领，有责任回避与强势敌人硬拼"。

春秋时，齐国出兵攻打郑国，郑大夫孔叔对郑文公说："如果不能与齐国硬拼，为何也不能示弱呢？既不能强，又不能弱，却拖以待变，国家就要亡了。我请求向齐国求和，以拯救国家。"郑文公说："我知道了，你让我再考虑一下。"孔叔说："情况危急，朝不保夕，哪还有时间考虑？"郑文公于是向齐国低姿态示好。表示遇到大事时，可以做决策的时间可能很短促，熟悉《孙子》的"倍数原则"，至少可以避免拖延，而拖延通常是最坏的决策。

名句可以这样用

学习兵法是为了求胜，"束手就擒"固然可耻，"以卵击石"亦不足取。若评估实力不如对方，就该保留实力"乘暇抵隙"。

名句的诞生

将有五危[1]：必死[2]，可杀也；必生[2]，可虏也；忿速[3]，可侮[4]也；廉洁，可辱[4]也；爱民，可烦[5]也。凡此五者，将之过[6]也，用兵之灾也。覆[7]军杀[7]将，必以五危，不可不察也。

——《孙子·九变》

完全读懂名句

1.五危：五种危险的（人格）特质。

2.必死：奋不顾身。必生：贪生怕死。

3.忿速：个性急躁易怒。

4.侮、辱：方法不同，作用都是"激怒"。

5.烦：烦劳。

6.过：此处作"缺陷"解。

7.覆：覆灭。杀：被杀。

语译：将领有五种危险的人格特质：恃勇轻生、身先士卒的，可以设计杀之；贪生怕死、见利忘义的，可以俘虏他；个性急躁易怒的，可以轻侮以激怒他；廉洁好名、死要面子的，可以抹黑以激怒他；爱民却是妇人之仁的，可以烦劳他，使之疲于奔命。这五项人格特质都是担任将领者的缺陷，也是用兵的灾害。军队覆灭、将领阵亡都不出这"五危"，所以不可以不明察啊！

必死可杀，必生可虏

兵家诠释

《吴子》：一般人论将，总是看他是否勇敢，其实"勇"只是将领应具备条件之一（《孙子》提到将领须兼备"智信仁勇严"，"勇"排在第四位）。而勇敢的将领容易轻易出战，如果轻易出战却不知权衡利害，是不够资格担任将领的。

曹操：畏怯不前的将领，常常是因为贪恋利益，因而容易被生擒。（贪利与贪生是不可分割的，见利忘义的人就不可能舍生取义。）

杜牧：性格不厚重的将领，一旦被激怒，就会做出错误的决策，这是"忿速可侮、廉洁可辱"的原理。

张预：爱民是美德，可是也要权衡利弊。如果"无微不救，无远不援"，就会被"烦死"。

实战印证

东晋时，桓玄造反，晋将刘裕领军与桓玄在长江展开水战。刘裕兵力仅数千人，桓玄则兵多势众，但桓玄的战舰旁边，总是系着一艘轻舸（快艇）。桓玄军队眼见主帅随时想逃走，谁还肯拼命，结果刘裕以火攻大破桓玄叛军。

三国时，刘备进军西川，张飞任先锋，一路挺进顺利，直到巴郡。巴郡守将严颜闭门坚守，张飞几次攻城都不成功，有一次还被严颜射掉头盔，暴跳如雷，但是严颜就是不肯出战。张飞每日派人叫阵，都没反应。心生一计，传令军士四散砍柴打草，寻找攻城的道路。严颜得报，派兵变装混入砍柴队伍，进入张飞大寨。张飞佯装不知，故意泄露消息"今晚取某小路偷袭攻城"，严颜得细作密报，立刻传令"今晚伏兵断张飞后路"。结果，反中了张飞的圈套，被俘不屈，说"只有断头将军，没有降将军"。张飞亲自为他松绑，严颜感受到张飞的义气，这才投降。

上述故事是二员勇将的"EQ 之战"，也是"将有五危"的正面教材。

名句可以这样用

作为一个将领，身系军队安危重任，贪生怕死、暴烈易怒固不可取，但"奋不顾身"或"妇人之仁"也予敌人以可乘之机。

必死则生，幸生则死

名句的诞生

凡兵战之场，立尸之地[1]，必死则生，幸生[2]则死。其善将者，如坐漏船之中，伏烧屋之下，使智者不及谋，勇者不及怒，受敌可[3]也。

——《吴子·治兵》

完全读懂名句

1. 立：建立。立尸：制造尸体。立尸之地意谓"死亡之地"。

2. 幸生：存侥幸之心以求生。

3. 受敌：迎敌。

语译：两军交兵的战场是死亡之地，怀着必死之心作战就（因胜利而得）生存，心存侥幸就（因战败而不免）死亡，那些善于指挥作战的将领，（让士兵）如同坐在漏水的船中，伏在起火的屋里（激发他们拼命求生的意志），让脑筋快的人也来不及思考，让勇猛的人来不及发怒（只有听命一念）而上阵迎敌，就能赢得胜利。

兵家诠释

《尉缭子》：一个亡命之徒手持利剑在闹街乱砍，所有人都会避之唯恐不及。这不是那个人特别勇猛，其他人通通孬种，而是"必死"与"必生"

的差别。（易言之，两军对阵时，若一方存必死之心，另一方存"幸生"之念，肯定是前者胜。）当今遭受侵略的国家，以重金向各国求援，还把国君的儿子送去当人质，甚至割地以为交换。得来的援军号称十万，其实不过数万，出发前还告诫将领："不准为人家打头阵。"这种军队怎么能打仗呢！

《百战奇略》：与敌交战时，若陷入危亡的局面，一定要激励将士拼死决战，必可得到胜利，因为，兵士陷入极度危险时，会忘记恐惧。……如果面对强大敌人，军心动摇（未接战则会恐惧，与前述情形不同），就得将军队置之死地：杀牛烧车犒赏士卒（最后一餐），放火烧掉粮草，填平井灶，也就是断绝一切"生念"，则必胜。

实战印证

秦末群雄并起，初期秦军仍强，秦将章邯击杀项梁，并渡过黄河攻击赵王赵歇，赵国困守巨鹿城。项羽派手下大将率二万人前往救援，被秦军击败。于是项羽自己率领所有军队渡河救赵，军队渡河完毕，项羽下令：凿沉所有船只，烧掉宿营的庐舍，敲破煮食的炊事锅具，每个人只携带三天干粮。让士卒明白已经没有退路，于是人人奋勇、个个争先，楚兵以一当十，大破秦军。

元世祖时，李璮起兵叛乱，波及山东、江苏等沿海地区。元朝派张弘范讨伐李璮，张弘范的父亲告诫他："你带兵出征，大将本身不可避开危险的地方。只要你本身不存幸生之心，士兵一定为你效死。"

本章的重点是"将领要让军队置之死地而后生"，所以，将领自己切不可畏战幸生，否则士兵岂肯拼死命！又，本章宜与前章对照阅读，同样"必死"，运用不同。

名句可以这样用

楚霸王项羽"破釜沉舟"是本章最佳例证。此外，在城外进行最后决战用"背城借一"，此喻已无退路用"背水一战"。

名句的诞生

夫将之所以战者，民[1]也；民之所以战者，气[2]也。气实[3]则斗，气夺[4]则走。……善用兵者，能夺人而不夺于人。

——《尉缭子·战威》

完全读懂名句

1. 民：指军队。《尉缭子》中，"民""兵"词意广泛，必须联系上下文来做解读。

2. 气：士气。

3. 实：充实、充沛。

4. 夺：夺取、被夺取皆用"夺"，视语气而定。又，有释为"堕"，亦通。

语译：将领赖以作战的是士兵，士兵赖以作战的是士气。（军队）士气充沛就能奋勇战斗，士气衰落就逃走。……善于用兵的将领，能够摧毁敌人的士气，而不被敌人摧毁士气。

兵家诠释

《吴子》：将领用兵应掌握四项关键要素（四机）：第一是气机，百万之师的士气系于主将一人（也就是"能夺人而不夺于人"的意思）。

《李卫公问对》：一个血肉之躯，受到战鼓声的激励，勇往直前拼战，虽死而不反悔，就是一股气在支撑。所以，用兵作战一定要先考察我军士气如何，要激励三军充满必胜的士气，然后才可以出战攻敌。能够让人人都自发奋战，这支军队的锐气就不可抵挡了。

实战印证

明朝建文帝时，燕王朱棣（即明成祖）起兵"清君侧"。朝廷军起初声势仍盛，前锋都督平安率军攻北平（北京，燕王根据地），想要切断燕军粮道。燕王世子固守北平，向燕王求援，燕军将领刘江主动请缨援救北平，同时献策："平保儿（平安的字）以为我方大军已出，不可能回援。建议全军士兵每人带十枚炮号，我到了北平，亲率先锋决围，一次炮响表示冲开了围城封锁线，二次炮响表示援军已进城，若不闻第三次炮响，表示我已经战死。我若得入城，守城者必定勇气十倍。这时，命令援军的殿后部队放炮不绝，使得远近（围城军与守城军）都以为大军开到，平安一定吓走。"燕王同意他如计进行，刘江的援军白天大张旗鼓，夜晚多添火炬，一到北平立刻展开攻击，果然如他所料，平安撤围退走，燕军得以维持粮道通畅。

刘江的战术亦可列入"兵不厌诈"篇，但是他以放炮号"惊敌众、寒敌胆"，同时激励守城军士气，则正合本文"气实则斗，气夺则走"的道理，平安果然"气夺而走"，刘江则不愧"善用兵者，能夺人而不夺于人"。

南北朝南齐时，萧衍（即南梁武帝）自襄阳起兵攻向建康，政府军陈虎牙败归，援军陈伯之按兵不动。萧衍派出说客，要陈伯之归附，陈伯之回信，答应归附，可是又说大军不需要急着东下。萧衍说:"陈伯之还想要拖时间,其实他已经失去志与士气,一旦我方大军压境,就会投降。"催促大军加速东进,陈伯之束甲请罪。

名句可以这样用

军队"坚甲利兵"固然重要,但是武器由人操控,若主将"无心恋战",军队也就跟着"鱼溃鸟散"。若主将"破釜沉舟",兵士"浴血奋战",军队就"锐不可当"了。

祸机之发，莫烈于猜忌

名句的诞生

祸机之发[1]，莫烈[2]于猜忌，此古今之通病。败国亡家丧身，皆猜忌之所致。……凡两军相处，统将[3]有一分龃龉[4]，则营哨[3]必有三分，兵夫[3]必有六七分。故欲求和衷共济[5]，自统将先办[6]一副平怒之心始。……同打仗不可讥人之退缩，同行路不可疑人之骚扰。

——《曾文正公全集》

完全读懂名句

1. 机：原意是"击发装置"，如弩机、扳机。引申用法是"关键点""引爆点"。

2. 烈：猛烈，严厉。

3. 统领、副将、营官、哨官、士兵、军夫，都是清朝的兵制阶级。

4. 龃龉：原意是"牙齿参差不齐"，引申用法是"意见不合以致引起口舌之争"。

5. 衷：心中。济：原意是"渡河"，引申为"完成"。和衷共济：众人同心合力完成事情。

6. 办：备妥。用法同"赶办事物"。

语译：发生祸患的引爆点，没有比猜忌更严重的了，这是古今皆同的问题。大至国家衰败，中至家道沦落，下至个人被害，都源于猜忌所致。……凡是两军共同作战，将领若起了一分口舌之争，下面的中级军官就会起三分摩擦，基层兵士军夫就有六七分冲突。所以，想要两个部队能和衷共济、协力作战，就得从最上层的将帅先存有平和谅解之心开始。……一同打仗不可讥笑友军退缩，一同走路不可怀疑他人蓄意骚扰（因为个人生活习惯不同，应相互体谅）。

名句的故事

曾国藩临危受命练湘军、打长毛，他分析官军一再吃败仗的主要原因就是将领之间相互争功诿过，也就是猜忌。他曾经专折请旨革职一名旗人将领，折中指出："军兴以来，官兵之退怯迁延，望风而溃，胜不相让，败不相救，种种恶习……"所谓"胜不相让，败不相救"，就是争功诿过，起因正是猜忌。

实战印证

西汉时"七国之乱"的发动者吴王刘濞，初起兵时，大将田禄伯建议："大军集结西进，正面对抗中央军队，若不出奇兵，难以建功。我愿领五万兵马，循江淮北方，收服淮南、长沙军队，入武关，与大王会师，这是奇兵。"吴王太子劝阻吴王："大王起兵是造反，如果将军队交给他人（指田禄伯），他人也会反叛大王。"于是吴王不同意田禄伯的战略。

之后，一位青年将领桓将军献策："吴军以步兵见长，利于据险以战；汉军以战车与骑兵占优势，利于平地会战。建议大王快速行军，不做围城之战，一路直趋咸阳，据武库、食敖仓，据山河之险以令诸侯联军，情势就在掌握之中了。"这个战术却被吴国的老将们批评："这个少年冲锋陷阵还可以，哪里懂得什么战术？"吴王于是不采纳青年将领之策，结果败给汉朝的太尉周亚夫。

太子猜忌大将，老将猜忌青年将领，祸害之"机"，没有比这样更剧烈的了！

名句可以这样用

君臣间"推心置腹"，将领间"开诚相与"，官兵间"肝胆相照"，就不会相互猜忌了。

名句的诞生

凡军好高[1]而恶下[1]，贵[2]阳[3]而贱[2]阴[3]，养生[4]而处实[5]；军无百疾[6]，是谓必胜。

——《孙子·行军》

完全读懂名句

1. 高：高地。下：低地。

2. 贵、贱：同"好、恶"。

3. 阳：山之南，水之北。阴：山之北，水之南。

4. 养：供。生：牲口，包括坐骑、挽车、肉食之用。

5. 处：驻扎。实：坚固地形。

6. 百疾：通称所有的疾病。

语译：军队（安营扎寨）喜欢高地，而不喜欢低地；喜欢向阳，而不喜欢阴湿；保持水草与粮道供应，并驻扎在坚固地形。军队中没有各种疾病，等于胜利的保证。

兵家诠释

梅尧臣、王皙：高地干爽，兵士健康；低地卑湿，容易生病。军队驻扎在干爽之地（阳）则明亮且心情好，处在阴郁之地（阴）则心情容易低落，兵器容易生锈。水草供应便利，则牲口养得好；驻扎坚固地形，则兵士不

军无百疾，是谓必胜

受操劳。能做到以上三点，军队必能百疾不生而必胜。

《吴子》：战马养得好，就可以横行天下。战马一定要适当地安置，水草供应无缺，不可让它饥饿，也不要让它太饱。士卒与战马相亲近，军队才有战力；天色已晚或行军太久，骑士要下马走路（让马休息）；必要时，宁可让人劳累些，千万不要让马过度操劳。

实战印证

北宋"靖康之难"，宋高宗在南京（今河南商丘。今南京市宋时称建康，南宋后来定都杭州）即位。金兵乘势南下，全仗刘锜在顺昌（安徽）大败金兀术（音"zhú"），才稳住了南宋的局面。

顺昌之役，刘锜最初采守势，金兵攻城不利，之后开始反攻。先在颍水上流下药，也在草地放毒，事前下令"即使渴死，人马都不准喝河水"，造成金兵人马生病。当时正值大热天，刘锜将五千兵马分为五队，预先备妥消暑药。每一队吃饱酒肉，服下消暑药后出战，置铠甲一副于太阳下，一俟铠甲烫手，就换吃饱、喝足、服药的下一队出战。如此大半天下来，金兵又病、又热、又饿、又渴、又累，刘锜集中城内精兵，持大斧冲向金营，专砍马腿，金兵阵脚大乱，溃败。顺昌之役刘锜以不到一万兵马，大败金兀术十万兵马，制胜的主因之一，就是以军队的健康、体力取胜。

战国时，秦将王翦率六十万大军征伐楚国，楚国动员全国兵力，由大将项燕统领抵抗。王翦是远征军，反而"坚壁不战"，每天让士兵休息、沐浴，提供可口的食物，大将亲自慰问病患。一段时间以后，王翦问左右："兵士平常都在做些什么？"左右回答："都在掷石头比远。"王翦说："可以出战了。"果然一战大破楚军，斩项燕，俘虏楚王，秦灭楚。

王翦将兵士的战力"养"到最佳状态才出战，打赢了秦灭六国的关键一役。

名句可以这样用

军队人马战力足"士饱马腾"，军队久战疲惫"龙疲虎困"，败军无斗志"残兵败将"。

上兵伐谋，其次伐交，其次伐兵，其下攻城

名句的诞生

上兵伐谋[1]，其次伐交[2]，其次伐兵[3]，其下攻城。攻城之法，为不得已。修橹[4]轒辒[5]，具器械[6]，三月而后成，距闉[7]又三月而后已；将不胜[8]其忿，而蚁附[9]之，杀士三分之一，而城不拔[10]者，此攻之灾也。

——《孙子·谋攻》

完全读懂名句

1. 伐：交战。伐谋：以谋略交战。

2. 交：外交。伐交：外交战，阻断敌国之外援。

3. 兵：军队。伐兵：两军对阵，血肉相搏。

4. 橹：大盾。攻城时用以防卫来自上方的攻击。

5. 轒辒：四轮大车，上蒙以生牛皮，其下可以藏人。

6. 具：备。器械：攻城器具之总称。

7. 距：抗。闉：音"yīn"，城曲处之双重门。距闉：古时攻城战术的一种，积土为山，登土山以攻城。

8. 不胜：忍不住，禁不住。

9. 附：攀附。蚁附：像蚂蚁一样攀上城墙。

10. 拔：攻下城池。

语译：作战的上策，是在谋略上胜过敌人，其次是在外交上孤立敌人（以上皆不战而胜），再其次是在两军交战中获胜，最下策是攻城；

攻城是万不得已的方法。制造大盾、四轮车，备妥所有攻城器械（包括云梯、飞楼、撞车、飞梯等），需要三个月；堆土山攻城又需要三个月。如果将领等不及六个月，愤怒之下，命令士卒像蚂蚁一样肉搏登城的话，那样即使阵亡三分之一战士也不一定攻得下城，这就是攻城（下策）造成的灾害。

名句的故事

春秋与战国时代的战争形态出现相当差异。

春秋时代仍以车战为主，防守一方若拒城抵抗，通常可以坚持很久，而攻方因运粮路远，多半也乐于接受"城下之盟"。可是战国时代以骑战、步战为主，战术上开始讲求"消灭敌人有生战力"，因而战争内容变得残酷。《孟子》说"争地以战，杀人盈野；争城以战，杀人盈城"简直是"率土地而食人肉"，主张"善战者服上刑"。

兵家是主张"仁道"的，也就是修仁政，使近悦远来；同时备甲兵，不好战亦不忘战。但是，野心是会滋长、扩大的，军事力量强了，自然就会想要扩张领土。即使不主动侵略，边界人民也会起纠纷，最终不免引起战争。战争既无法避免，兵家乃强调"尽量少杀伤人命"。——伐谋、伐交、伐兵、攻城的"高下标准"，即由此而订出。

历久弥新说名句

南北朝时，北魏太武帝拓跋焘率十万大军进攻南方宋国的盱眙（安徽）。拓跋焘派人向盱眙守将臧质要求供应"劳军酒"，臧质在酒缸内盛了尿屎送去敌营。拓跋焘大怒，下令攻城。虽然攻城器械不完备，仍命令战士肉搏登城，而且轮番进攻，前一波坠下，后一波又上攻，打死不退。到后来，北魏军的尸体堆得都快跟城墙一般高了，仍攻不下来。如此惨烈的战事进行了将近一个月，阵亡超过半数（五万人以上），军中疫病流行，拓跋焘才下令撤军解围。这真是孙子形容"攻城之害"的活见证。

肉搏攻城的人命代价太高，于是发展出各种攻城器械，以减少伤亡。相对也产生了职业攻城与守城佣兵组织：墨众。墨众多半出身苦工犯人，他们虽以帮人打仗为生，却有着"反侵略"的思想。他们的领袖称为"巨子"，最有名的巨子叫墨翟（音"dí"），他的著作《墨子》专讲守城的器械和方法，刻意不述及攻城，成为九流十家之一的墨家。

《孙子》这一段，明显受到墨家思想的影响。

名句可以这样用

伐谋的战术层次是"只可智取，不宜力敌"；伐交的实务层次是"折冲樽俎"；伐兵的结局场面是"血流漂杵"；攻城则终不免"死伤枕藉"。

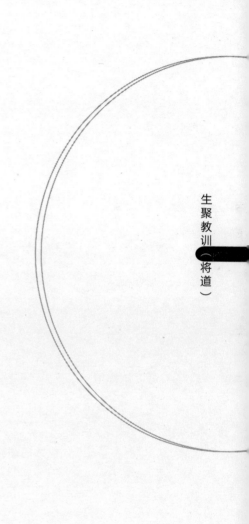

生聚教训（将道）

名句的诞生

既行[1]，军中但[2]闻将军之令，不闻君命。……每有任将，必使之便宜从事[3]，此则假以权重[4]矣。

——《李卫公问对》

完全读懂名句

1. 既：已经。既行：大军出发以后。

2. 但：只，仅。

3. 便：有需求。宜：适当。便宜从事：视军事需要，全权行事。便，音"biàn"，不是货物价钱"便宜"的意思。

4. 假：借。假以权重：赋予大权。

语译：大军出发以后，军中就只听到将军的将令，而不再听到国君的君命。……每次任命大将出征，一定让他得以视军事需要而采取适当行动，这就是赋予大权了。

兵家诠释

《孙子》：预判胜利有五种情形，知道可否出战（可则进，否则止）者胜，清楚敌我众寡（量力而动）者胜，上下一心者胜，有备以待不备者胜，将领优秀而国君不掣肘者胜。第五种情形的外在表现，就是军中只听到将令，

军中但闻将军之令，不闻君命

大将得到充分授权。

《司马法》：国家的礼仪法度不进入军队，军队的法令规章不进入朝廷。将领穿着铠甲就不向国君跪拜，若在兵车上就不用行鞠躬礼，在城上不同国君趋行（小碎步向前）致敬，战事危急时不顾及辈分。

以现代语言表达则是政治不干预军事，军人也不可以干政；世俗价值（包括普世价值）不适用于军中，常法不适用于战时，军队的领导统御也不可以用于治国理民。

历久弥新说名句

西汉文帝时，首都外围有三座卫戍大营，分别是灞上、棘门、细柳。

文帝前往三处劳军，在灞上、棘门都是御驾直驰而入军营，到了细柳，前导就被挡在营门外，负责守门的军官说："将军（周亚夫）有令，军中闻将军令，不闻天子诏。"汉文帝派近侍，"持节"（拿着皇帝号令军队的信物）向将军传达诏令，周亚夫才传令开营门。

军吏又向皇帝一行申达："将军有令，军中不得驰驱。"汉文帝车驾乃按住辔头，徐行到将军营帐。周亚夫全副武装向皇帝作揖说："穿着铠甲的军人不下拜，请求以军礼致敬。"汉文帝为之敛容，在车上回礼（皇帝一般不需要回礼）。劳军完毕，汉文帝离开细柳营后，说："这才是'真将军'啊！之前灞上、棘门两军，相比之下，简直是儿戏罢了，那两位将军随时可能被偷袭而遭俘虏。"之后汉文帝告诉太子："将来若有突发情况，只有周亚夫可担当大任。"太子就是后来的汉景帝。

七国之乱发生，景帝任命周亚夫为大将，周亚夫坚持自己的战略，不接受太后的诏命（援救太后幼子梁王），敉平了七国之乱。周亚夫治军严格，为将坚持原则，但是也必须要有汉文帝、汉景帝那种英明能容的国君才行。

名句可以这样用

有才能的大将是"国之干城"，国君期待将领为国家"摧锋陷阵"，就不可以要求将领"俯首帖耳"。

无天于上，无地于下，无敌于前，无君于后

名句的诞生

军中之事，不闻君命，皆由将出，临敌决战，无有二心[1]。若此[2]，则无天于上，无地于下[3]，无敌于前，无君于后[4]。是故智者为之谋，勇者为之斗，气厉[5]青云，疾若驰骛[6]，兵不接刃[7]，而敌降服。

——《六韬·立将》

完全读懂名句

1. 无有二心：将士用命，号令一致。此处"二心"不做"叛逆之心"解。

2. 若此：若能做到这样。

3. 无天于上，无地于下：不受天时、地理之限制。

4. 无君于后：国君不在后面牵制。

5. 厉：激昂、奋发。

6. 骛：快速奔驰（的马）。

7. 接刃：兵器相交。

语译：军中所有事务，不再听到国君的命令，一切指令都由主将颁发。军队遭遇敌人决战时，乃能号令一致。如果能做到这样，主将就能上不受天时制约，下不受地理限制，前无敌人能够阻挡，后无国君加以牵制。因此，有智谋的参谋都能专心为主将策划，有勇力的战士都听命于他作战，军队的士气振奋直上青云，军队的行动疾如奔马，兵器尚未相交，敌人就已经降服。

名句的故事

周武王准备伐纣，兵精粮足、装备齐全，乃向姜太公请教"立将之道"。事实上，伐纣大军的主将除姜太公外，不做第二人想，武王此问，主要是询问"拜将仪式"。

姜太公回答周武王的问题："先命令太史占卜，必须斋戒三天，然后入太庙卜得吉日。吉日当天，国君在太庙亲自将斧钺授予大将（交付生杀大权），并且说：'从现在起军中一切事务，上至于天，都由将军全权处理。'大将受命之后，必须向国君回复：'臣既然接受了斧钺，不打胜仗绝对不敢生还，但是也请国君授予独断大权，否则臣不敢接受主将的任命。'国君若答应主将的请求，主将就能充分发挥，赢得胜利。"

也就是说，这一段是姜太公向周武王提出的"任大将之条件"，周武王答应了他，姜太公才接受任命。

历久弥新说名句

黄石公《三略》中说："将无还令（令出必行，绝不因国君之令而更改），如天如地（将令如天之高、如地之厚），乃可使人（指挥得动军队）。必须士卒全都听从将令，军队才可以出国境作战。"所谓"如天如地"，和"无天于上，无地于下"是一个意思：将令至高无上，绝不受任何因素而折扣，包括国君的命令。

至于《孙子兵法》中的"君命有所不受"，最广受运用，但那是专指"攻守"而言，与本句有所区隔，请读者参阅"君命有所不受"一章对照。

名句可以这样用

国君遥控前线将领战术，叫作"君掣其肘"，将领若受朝廷掣肘，必定有小人"拿着鸡毛当令箭"，将领就无法"令出必行"了。

名句的诞生

将受命之日忘其家，张军[1]宿野忘其亲，援枹[2]而鼓[3]忘其身。吴起临战，左右进剑。起曰："将专主[4]旗鼓尔，临难决疑[5]，挥兵指刃，此将事也。一剑之任[6]，非将事也。"

——《尉缭子·武议》

完全读懂名句

1. 张：展开。军：部队。张军：布阵。

2. 援：拿起。枹：鼓槌。

3. 鼓：动词，击鼓（进兵）。

4. 主：负责。

5. 决：断决。决疑：面对复杂战情，下达指令。

6. 任：任务。一剑之任：意指单兵作战。

语译：将领接受任命（出征）的那一天就不再顾及家族，行军布阵就不再顾及亲人，拿起鼓槌击鼓进军就不再顾及自身安危。吴起对敌临阵时，左右送上一把剑，吴起却说："主将只专责指挥（旗）进攻（鼓）而已。遇到危急或复杂的战况时，拿出定见、下达指令，指挥部队进攻方向，这才是主将的职责，凭一把剑去遂行的任务，不是主将的事情！"

名句的故事

楚霸王项羽身高八尺有余（普通人平均身高"七尺之躯"），力气很大，

一剑之任，非将事也

能够扛起铜鼎，江东地方的年轻人都畏惧他。年轻时先学读书，不成，去学剑术，又不成，他的叔叔项梁对这个不成材的侄儿很气恼。项羽对头叔叔说："读书只能记名姓而已，剑术也只能对付一个敌人，都不值得我去学。我要学就学'万人敌'。"于是项梁就教项羽学兵法，项羽大喜，但是也学不透彻。

项梁起兵时，全靠项羽"一剑斩了会稽太守，并击杀数十百人"才镇压住局面，项梁乃得以成为起义军首领。项羽最后乌江自刎前，又独自奋战斩杀汉军一将、一都尉、数十百兵士。

项羽一生叱咤风云，得了天下又失去，问题就在于他学了兵法却又学不透彻，如果他能体会吴起本句的真义，历史可能就不一样了。

历久弥新说名句

《庄子》是哲学，不是兵学。可是《庄子·说剑》却论及君道，也评论了"天子之剑"与"庶人之剑"：庄周去游说赵王，表示"我有天下无敌的剑术，愿为大王说明"。赵王很高兴，请庄周说明。庄周说："我有三种剑术：天子剑、诸侯剑、庶人剑。天子之剑，以燕溪石城（河北）为剑锋、齐岱（山东）为剑锷、晋卫（山西）为剑脊、周宋（河南）为剑镡、韩魏（河北）为剑匣……此剑一出，诸侯团结，天下服从（天下大治，万方景从）。诸侯之剑，以智勇之士为剑锋、以清廉之士为剑锷、以贤良之士为剑脊、以忠圣之士为剑镡、以豪杰之士为剑匣……此剑一出，国富兵强，人民安定（任用贤能，政治清明）。庶人之剑，蓬头垂冠相互搏击于国君之前，上自颈项、下至肝肺，血肉模糊，跟鸡没什么两样。如今，大王却只爱好庶人之剑，令人惋惜。"赵文王闻言，就不再喜爱剑士搏击了。

名句可以这样用

将领的职责是"排兵布阵""运筹帷幄"，不可以"暴虎冯河"，更不能逞"匹夫之勇"。若斤斤计较于"一剑之任"，就称不上"国之干城"了。

纣以甲子日亡，武王以甲子日兴

名句的诞生

昔纣以甲子日[1]亡，武王以甲子日兴，天官[2]时日[3]，甲子一也，殷乱周治，兴亡异[4]焉。

——《李卫公问对》

完全读懂名句

1. 甲子日：古代以天干地支记载年月日，甲子日是一轮回（六十天）的首日。

2. 天官：以天文星象占吉凶。

3. 时日：以日、时推宜忌。

4. 异：大不相同。

语译：从前殷纣王在甲子日灭亡，周武王在甲子日兴盛，就天文星象和时日宜忌而言，同是甲子日，由于殷乱而周治，所以一个衰亡、一个兴盛，结果大不相同。

名句的故事

唐太宗问李靖："你曾经说，英明的将领不会遵行天官时日，只有昏昧者会拘泥黄历。那么，阴阳术数可以废除掉吗？"

李靖先做本文之回答，然后又引证战国时田单复齐的故事。田单命令一个小兵自称是神人，并且预言"燕军可破"，激发了即墨城军民对胜利的信心（之前燕军侵齐如摧枯拉朽，齐人已丧失信心），才能以"火牛阵"破燕军。所以，阴阳术数是兵家诡道之一，不必废掉。而底线是自己不迷信。

历久弥新说名句

五胡十六国北魏拓跋焘攻打后燕慕容麟，下令甲子日进军。那一个甲子日刚好是"晦"日，不是吉日，太史令晁（cháo，同"晃"字）崇奏曰："昔纣以甲子日亡。"拓跋焘说："难道周武王不是以甲子日得胜吗？"崇无言以对。于是如期进军，获得大胜。唐朝年代晚于北魏，所以李靖应该是借用这个典故，向唐太宗说明"阴阳术数不可拘泥，但也不可废止"。

拓跋焘又有一次攻打胡夏王国赫连昌，军队推进到胡夏京城统万城下。赫连昌军队鼓噪前进（士气高昂），而且刚好顺风，太史令又奏："天候不相助，建议先避过风头。"参军崔浩说："大军千里远征，决胜就在这一天，岂能轻易变更？风从哪里来，亦岂有常规？"拓跋焘采纳崔浩意见，下令进军，大破赫连昌。

唐宪宗时，李愬（朝廷军）攻淮西节度使吴元济的战事过程中，李愬计划攻打吴房城，诸将中有人说："今天是'亡'日（农历九月在寒露后第二十七天是亡日），不宜出兵。"李愬说："我们的兵力不及淮西军，不能与敌方进行大规模会战，应该出其不意，才能取胜。他们认为今天是亡日不宜出兵，就不会预防我军进攻，这正是进攻的好机会。"下令军队进攻，攻下吴房外城，守城军退保子城（内城），不敢出战。李愬认为攻打子城会增加伤亡，于是下令撤军，引诱对方来攻。果然，淮西将领孙献忠率领五百骑兵追击。李愬下马，坐在胡床上指挥，下令"敢退者斩"，掉转军旗所指方向，对淮西军展开逆袭，斩孙献忠。不拘泥时日宜忌，更能利用敌方迷信时日宜忌的松懈心防。

名句可以这样用

凭空想象"鸿鹄将至"固然不切实际，以为"天命所归"而等待天上掉下来的成功则是迷信，"守株待兔"虽非迷信，却是愚蠢，只有脚踏实地去做，才能"水到渠成"。

名句的诞生

带兵之人，第一要才堪[1]治民，第二要不怕死，第三要不汲汲名利，第四要耐受辛苦。……德而无才以辅之，则近于愚人；才而无德以主[2]之，则近于小人。

——《曾文正公全集》

完全读懂名句

1.堪：得以，能够。

2.主：动词，秉持（原则）。

语译：作为带兵的将领，第一要才能足以领导兵众，第二要勇敢不怕死，第三要不急于求名求利，第四要体格强健，耐受得了军旅操劳。……品德好的人如果缺乏才能，旁人看起来就像个笨人；能力强的人如果心中不能秉持原则，行事就会近似小人。

名句的故事

曾国藩对将领的四项要求当中，不勇敢、不强健属于必要条件，而领导能力（才）与不求名利（德）则属于充分条件。必要条件没有讨论的余地，所以曾国藩只讨论"才与德"。

他在本文之后，再做申述：世人大多不甘以愚人自居，所以总希望自

德而无才，近于愚人；才而无德，近于小人

己是有才之人；世人大多不愿与小人为伍，所以常常以德取人。但如果才德不可得兼，与其无德而近于小人，宁可无才而近于愚人。

对于将领无德，曾国藩效法最多的戚继光曾经有如下之描述："如今将领，不但不施恩于士卒，还要士卒扛轿子、生火、做杂役；兵士战死不抚恤，兵士受冻受饿不关心；甚至于敛取财物、克扣粮饷。行军宿营时，往往将领先铺床睡觉了，士卒却还在挨饿受冻；甚或将领拥妓而卧，士卒却终夜眠人屋檐之下。种种情形，不可枚举。如此而要求兵众共生死，谁愿意呢？"

曾国藩建立湘军，模式是"以书生带领农夫"。农夫心窍不多，易于受感动，因而不必施以太多恩惠，也不必太用刑威。

以曾国藩的语言，就是"用恩莫如用仁，用威莫如用礼"，也就是以德服人。曾国藩虽说要求"德才兼备"，其实仍是"德胜于才"。

历久弥新说名句

唐宪宗时，朝廷发兵讨伐淮西节度使吴元济，诏令鄂岳观察使柳公绰拨五千兵马给安州刺史李听。

柳公绰说："朝廷以为我一介书生，不懂得军事吗？"以未能参战为憾，但仍遵诏，精选六千兵马，交给李听指挥。

事实上，柳公绰带兵号令严整，诸将无不服者。士卒在营，家中有人生病或丧事，都给予丰厚慰问金。有士卒的妻子搞外遇，柳公绰命地方官惩办奸夫淫妇，丢到江中溺死。

士卒都安心表示："中丞为我主持家务，我岂可不为他拼死命！"因此每战皆捷。——柳公绰也是书生带兵，也是以德服人。

名句可以这样用

　　带兵官的条件同样适用于政务官：第一要才堪治民"匡时济世"；第二要不怕死"不畏强梁"；第三要不汲汲名利"淡泊明志，宁静致远"；第四要耐受辛苦"宵衣旰食"。

军井未达，将不言渴；军灶未炊，将不言饥

名句的诞生

夫将帅者，必与士卒同滋味[1]，而共安危。……军井未达[2]，将不言渴，军幕未办[3]，将不言倦。军灶未炊[4]，将不言饥。……与[5]之安，与之危，故其众可合而不可离，可用而不可疲，以其恩素蓄[6]，谋素合[7]也。

——《三略·上》

完全读懂名句

1. 同滋味：吃同样的食物。

2. 达：达到，指挖井达到水层。

3. 幕：营帐。办：扎营完成。

4. 炊：指炊食已熟。

5. 与：一同。

6. 素：平常。蓄：累积。恩素蓄：恩惠长时间累积。

7. 谋：思想。谋素合：思想一致。

语译：将帅一定要和士卒吃同样的饮食，并且同赴战场险地。……军队宿营时，井没挖好，将领不可说口渴（不先喝水）；营帐尚未完全扎妥，将领不可说累（不先休息）；炊食未完成，将领不可说肚子饿（不先吃饭）。……将领与士卒同安共危，所以他的军队团结而不会被分化，士卒用命而不喊疲倦，正因为将领平素就累积了恩情，官兵的思想一致的缘故。

名句的故事

　　《三略》这一节说了一个故事：从前有一位良将，得到国君赏赐一瓮美酒。他认为应该全军共享赏赐，可是酒只有一瓮，军队却有数万。于是下令将美酒倾入河中，三军士卒"同流而饮"。这个故事没有具体的人事时地物，分析是黄石公杜撰的寓言，书中同时说明：一瓮酒并不足以使河水尝起来有什么滋味，可是三军却愿为这位将领效死，就因为这样的做法建立了全军同甘共苦的意识。

　　《六韬》书中，周武王问姜太公："要怎样才能让三军攻城时争先，野战时抢进，听到金声（鸣金收兵）而怒，听到鼓声（前进）而喜呢？"姜太公说："这需要将领做得到三点：将领冬天不穿皮裘，夏天不扇扇子，下雨不打伞，这是为了与士卒共寒暑；经过艰难地形或泥泞道路，将领要下马步行，这是为了与士卒共劳苦；军队扎营完成，将领才休息，全军炊食皆熟，将领才吃饭，军队不生火取暖，将领也不生火，这是为了与士卒共饥饱。如此，军队才会乐于赴战。兵士都是人，绝非喜好打仗死伤，而是因为将领与他共寒暑、共劳苦、共饥饱啊！"

历久弥新说名句

　　兵法不是一成不变。有一位古代名将的作风，就与本句截然相反：汉武帝时征伐匈奴的名将霍去病。他拒绝学《孙子兵法》，说："打仗端看临阵方略，不必学古人。"他带兵从不体恤部下，出征时皇帝赐予的珍馐，放至凯旋时腐坏而沿途丢弃也不分给士兵，但是打仗时士兵却经常挨饿受冻！在大漠野地，步兵饥寒交迫，他仍下令漏夜清理出球场，供他踢球。可是霍去病博得的声望，却高过另一位名将卫青。只有一个解释：西汉让罪犯上战场立功赎罪，同时汉武帝赏功大方，所以士兵拼命。这与战国时，征用平民当兵的情况不一样。

名句可以这样用

将领与小兵"同甘苦，共安危"，士兵就甘愿为将领"赴汤蹈火"。同理，为政者对百姓"视民如伤"，百姓也愿意在危难时"执干戈以卫社稷"。

名句的诞生

用赏者贵信，用罚者贵必[1]。赏信罚必于耳目之所闻见[2]，则所不闻见者莫不阴化[3]矣。

——《六韬·赏罚》

完全读懂名句

1. 必：必行。

2. 耳目之所闻见：听得到、看得见的地方。

3. 阴：非显露的。阴化：潜移默化。

语译：奖赏贵在守信（承诺了、宣布了就一定要做到），处罚贵在必行（不论尊卑贵贱一律适用）。对于耳目所能听到、看见的地方，都能做到信赏必罚，那么，在听不到、看不见的地方，也将收到潜移默化的效果。

兵家诠释

《吴子》：军队前进有重赏，退却有重罚，若能确实做到，是胜利的不二法门。如果鸣金不能停止、击鼓不肯前进，虽有百万大军，又有什么用处呢？

《尉缭子》：奖赏要如高山一样坚定，处罚要如深谷一样深刻。众人都受罚，而有请求幸免者，处死；众人都有赏，而单独请求不受赏者，处死

（心存侥幸者与沽名钓誉者同为破坏军纪的罪人）。

《三略》：主帅的信用如果不能建立，军队的向心力就疏离了；奖赏如果打折扣，军士就不肯卖命了。

《李卫公问对》：（对于斥候的）功劳赏赐一定要优厚且信守承诺，过失罚罪一定要严厉且绝无宽贷。

《鬼谷子》：用赏贵信，用刑贵正（刑罚公正）。

实战印证

以杀立威，建立军队必死之心的名将，首推隋朝开国元勋杨素，他在临敌对阵的时候，凡是违犯军令者，只有一个刑罚标准：斩首。常常在出阵之前，当众处分斩首数十人，甚至多至百人，血流满地，可是杨素却言笑自若。他在隋文帝平定南方陈国的战争中，统率西路军自益州（四川）东下。有一次面对陈军主力，他先命令三百人前进攻击，部队无功退还，杨素下令"全数处斩"，然后再派三百人冲锋，这三百人在极度畏惧之下，个个存必死之心，冲陷了陈军阵营，杨素大军再循突破口掩杀过去。这一套战术让他无往不克、战无不胜。而杨素能让军士为他效死，不是只有以杀立威的恐怖统御而已，他在战役胜利之后的奖赏，超过其他部队的赏赐，甚至将自己的爱妾赏给作战特别勇敢的军士。杨素堪称将"赏罚"工具使用到极致的一位名将。

信赏必罚的一个前提是"赏必加于有功，刑必断于有罪"。典故出自《战国策》——范雎上书秦昭王："平庸的君主赏赐他宠爱的臣子，处罚他不喜欢的臣子。可是英明的君主恰恰相反，奖赏只给予有功劳的人，刑罚必加于有罪之人。"

这两个"必"都是双向意思：赏只给有功者，而有功者"必须"得赏，这就是"信"；刑罚不能加诸无罚之人，而有罪之人"必定"给予处罚，这就是"必"。单向的有赏或不罚，都"不及格"。

名句可以这样用

本句对应的四字成语是"信赏必罚"；诸葛亮《出师表》"陟罚臧否，不宜异同"是同样意思，但嫌深奥了一些；"赏罚严明"则强调在信与必（严）之外，还要公正（明）。

禄贤不爱财，赏功不逾时

名句的诞生

夫用兵之要，在崇礼而重禄[1]。崇礼则智士至，禄重则义士轻死[2]。故禄贤[3]不爱财，赏功不逾时[4]。则下力并[5]，敌国削[6]。夫用人之道，尊以爵、瞻以财[7]，则士自来。接以礼、励以义，则士死之。

——《三略·上》

完全读懂名句

1. 崇：尊崇。重：厚重。崇礼而重禄：礼数要尊崇，俸禄要厚重。

2. 轻：不看重。轻死：不顾惜生命。

3. 禄：此处为动词。禄贤：发给人才俸禄。

4. 逾时：失去时效。

5. 并：相合。下力并：部下团结。

6. 削：夺除。敌国削：敌国人才来奔，国力自然削弱。

7. 瞻以财：用金钱财物引诱之。

语译：网罗军事人才的学问，在礼数尊崇与俸禄厚重。礼数尊崇则智谋之士来归，俸禄厚重则义气之士甘愿效死。所以，发给人才俸禄时，绝对不可爱惜金钱；奖赏战功更不可以错失时效。能做到这样，部队就会团结合作，而敌国的力量自然削弱。人才来归后，用人之道也相同，只要以爵位尊崇他，以金银财宝引诱他，人才自然来归；待之以礼、相交以义，勇士自然愿意效死。

兵家诠释

《司马法》：赏不逾时，罚不迁列。（赏罚及时）让人民尽快得到做好事的利益，尽快看到干坏事的惩罚。这是惩恶扬善的不二法门。

《百战奇略》：攻打高城深池，想要士卒争先登城，一定要诱以重利。曹操每次攻破城邑，得到珍奇靡丽的宝货，总是全数赏给有功劳将士。

实战印证

唐宪宗"元和中兴"，朝廷讨平，收服十数个藩镇，中央政府声势为之大振。有一次，宪宗与宰相们讨论如何因应魏博战区的变局。李吉甫主张出兵讨伐，李绛则认为"魏博不必用兵，而会自动来归"。宪宗倾向出兵，李绛说明他的对策："河北那几个军阀，军队都掌握在手下几个将领手中，将领之间相互制衡，维持均势。可是魏博节度使田季安去世，儿子田怀谏担任副大使，年仅十一岁，无力控制将领。我建议陛下整军经武、营造声势，可是按兵不动。用不了几个月，形势一定发生变化，到时候，必须抓住机会，迅速反应，'不爱（惜）爵禄以赏其人'，其他藩镇也会跟进。"宪宗采纳他的意见。

果然，魏博发生兵变，军士推翻田怀谏，拥立都知兵马使田兴为代理节度使。魏博的监军宦官急行奏报朝廷，李吉甫建议派宦官去慰劳安抚，观察变化。李绛说："不可。应该立即任命田兴为节度使，如果动作慢了，变成是部将拥立，不是朝廷恩典，时机一旦失去，后悔也来不及了。"于是宪宗下诏任命田兴为魏博节度使，并且赏赐一百五十万缗，附近的成德、衮郓节度使辖下军队，都不愿再与朝廷对抗。

名句可以这样用

"机不可失，时不再来"的道理大家都懂。战争时，生死常在旦夕之间，赏赐战功更绝不可拖延。

名句的诞生

可怒而不怒，奸臣乃作[1]；可杀而不杀，大贼乃发[2]；兵势[3]不行[4]，敌国乃强。

——《六韬·上贤》

完全读懂名句

1. 作：嚣张，胆大妄为。

2. 发：生。

3. 兵势：军队情势有利、占上风。

4. 行：行动。

语译：（君王、主将）可以发怒却不发怒，臣子的胆子就大了，敢于为非作歹；可以杀人时不杀，大盗将因之而生；军队处于有利情势时不行动，敌国就会强盛起来。

名句的故事

本句出自姜太公对周文王阐述"君王之术，要让臣下不可测，对罪犯不姑息，对敌国不失时"。而姜太公本人对"杀与不杀"更拿捏得非常准确。

周武王伐纣，伯夷、叔齐两兄弟跪在马前谏阻，武王左右拔刀要杀二人。姜太公说："这两位是义人，不可杀。"命人将他俩扶走。

纣亡，周武王分封诸侯，姜太公

被封到齐国。东海滨有一对兄弟狂矞、华士，太公邀他俩出来做官，两兄弟说："我们不臣服于天子，不跟诸侯打交道。自耕而食，掘井而饮，无求于人。不想做官，只想自食其力。"姜太公派人将两兄弟抓来杀了。

同一位姜太公，之前不杀伯夷、叔齐，之后杀狂矞、华士，为何做法截然相反？

伯夷、叔齐是孤竹君的儿子，相互谦让王位，结果两人都不当王，一同"避位"出国。听说周文王贤明，就去投奔西周，这两人在当时享有名声，周武王是"兴义师"，岂可杀义人？至于狂矞、华士兄弟，同样有贤能名声，可是姜太公是"空降"来的领主，"礼贤下士"是为了争取人才进入政府，这两兄弟却摆明了"不睬"姜太公，如果齐国人才都学他俩的榜样，姜太公就难以治理这个国家。所以姜太公"借他俩人头一用"，杀之以立不测之威。

实战印证

秦末，群雄并起。刘邦率军先攻入关中，项羽后至，摆下鸿门宴召刘邦来"喝酒"，范增与项庄想要在席上杀刘邦不成功，被刘邦脱逃。刘邦走了以后，张良才入帐说"谢谢招待"，并且代刘邦致赠项羽白璧一双，赠范增玉斗一对。项羽收下白璧，放在座位上，范增气得将玉斗放在地上，拔剑砍碎。

当时项羽兵力远强过刘邦，虽然鸿门宴上给他溜了，但若挥军攻之，刘邦肯定不是对手。可是项羽收下了刘邦的礼物，意味着不会去攻打刘邦了。情势占上风时不采取行动，果然后来"敌国"（刘邦）强了。

后来，刘邦与项羽对峙，双方都兵疲马困，于是讲和。项羽遵守和约引兵东归，刘邦却毁约出兵追击项羽。最后垓下一战，击溃楚军，项羽自杀，刘邦得天下。刘邦不放过优势机会，乃能成功。

名句可以这样用

姜太公所诛杀的叫作"不臣之臣"；领导人喜怒不让臣下捉摸，叫作"不测之威"。把握情势有利时，果断发动攻击，常能"摧枯拉朽"；坐视敌人恢复元气或援兵到达，则是"贻误戎机"。

一令逆则百令失

名句的诞生

废一善，则众善衰[1]；赏一恶，则众恶归[2]。……
一令逆[3]，则百令失[4]；一恶施，则百恶结[5]。

——《三略·下》

完全读懂名句

1. 衰：微，消退。

2. 归：来。

3. 逆：违背。

4. 失：失其所以，令不得行。

5. 结：集合。

语译：废除一件善举，会令所有的善念消退；鼓励一件恶行，会令各种恶人前来。……一道命令遭违背（人违令或后令违前令），将使之前所有的命令难以贯彻；发布一道恶的规定，会引致各种恶行。

兵家诠释

《尉缭子》：行军列阵有常用的条令，队伍疏密有常用的法规，先后的次序有适宜的安排。所谓常令、常法，不是追击或攻城所用的战术命令。战术必须视情况做奇正的灵活运用，可是军队如果失去法令就乱了。搅乱先后次序者处斩，这就是"常令"，平时

150

就必须严格执行。……能够"令如斧钺"违反命令者处斩，"制如干将"执行制度如宝剑般锋利，士卒上阵时一定拼命杀敌（因为不听令必死，杀敌制胜则生）。

《六韬》：三军出战，必定会有分合战术运用。大将平时就要训练军队"约期、定时集结"，在约定的时日，于辕门（大营门口）设下定时器具（日晷、漏刻等），准时到达者有赏，迟到者斩首。如此，则真正作战时，才能三军会齐，并力合战。

以上二家所说，都是"平日要求严格，战时方能令出必行"。

实战印证

南北朝时，后梁武帝派军北伐魏国，豫州刺史韦叡督军攻小岘城。城内突然出来数百人，在城门外结阵。韦叡说："守城军二千多人，仅足以闭城坚守而已。现在无故出城列阵，一定是守城军当中比较骁勇强劲的部队。只要能打败这支骁勇部队，挫了敌方的锐气，这座城可以一举攻下。"但是诸将听说是对方的劲旅，犹疑不前，韦叡指着他的符节（皇帝授以生杀大权）说："朝廷授我这个，可不是摆着好看的。军法不容违抗。"于是大军前进，与对方进行殊死战，魏军溃败，韦叡催大军加紧攻击，一鼓作气攻下小岘城。韦叡平日必定严格执行军法，才能在临阵时，以符节"吓"诸将与三军。

唐朝时，四镇、北庭节度使（即汉西域，今新疆）马璘非常信任手下都虞候段秀实。军队中有一勇士，力量大，能拉开二百四十斤的强弓，犯罪当斩。马璘想要免他一死，段秀实说："将领如果因为个人爱憎，导致法令不一，即使古代名将韩信、

彭越也带不动这支军队。"马璘接受这番谏言,下令依军法斩
了那位勇士。

若是法外开恩,就是"一令逆则百令失",并且会让士兵
心存侥幸、敢于为恶,就会导致"一恶施则百恶结"。

名句可以这样用

"军令如山"的重点就在于"坚定不移"如山一般,士兵
违令"定斩不赦",将领本人更不可以"朝令夕改"。

名句的诞生

人材[1]以陶冶[2]而成，不可眼孔太高[3]，动[4]谓无人可用。……吾欲以"劳苦忍辱"四字教人，故且戒官气[5]而姑用乡气[5]之人。必取遇事体察，身到心到口到眼到[6]者。……天下无现成之人才，亦无生知[7]之卓识，大抵皆由勉强磨炼而出耳。

——《曾文正公全集》

完全读懂名句

1. 人材：人才。

2. 陶：制作陶器。冶：锻炼金属。陶冶：引申为培育造就人才的过程，有必须按部就班，无法速成的意思。

3. 眼孔太高：眼光太高。

4. 动：动辄。

5. 官气：官僚气息。乡气：土气、纯朴之气。

6. 身到：亲身操作。心到：用心做事。口到：做事有方法，讲得出条理。眼到：做事仔细，不疏忽小节。

7. 生知：生而知晓。

语译：人才是需要培养、教育、磨炼而成，眼光不必太高，动辄就说没有可用的人才。……我将以"劳苦忍辱"四字训练干部，所以不用官僚气浓厚的人，宁可用比较土气的人。务必要用那种遇事亲自体察，身到心到口到眼到的人。……天底下没有现成可用的人才，也没有生来就具备的卓越见解，人才大多是在艰难环境下磨炼出来的。

名句的故事

曾国藩练湘军，参考兵书《纪效新书》非常多，那是明朝戚继光的练兵著作。明嘉靖年间，倭寇为患东南沿海，地方官与政府军束手无策，戚继光到浙江金华、义乌一带，募得民兵三千人，练成一支劲旅"戚家军"，平定倭寇之患。曾国藩面对的情势与之相仿，所以湘军多采用戚家军的成规。

戚继光选将，要求"光明正大，以实心行实事；纯忠纯孝，思思念念在于忠君、敬友，爱军、恶敌、强兵、任难"，"习武艺兵法，必自身率始"。选兵则"少用城市游滑之人，多用乡野老实之人"。曾国藩取戚继光之原则与精神，再审酌他当时的实际情况做调整，建立了湘军。

太平天国之所以能打得官军毫无招架之力，重要因素之一就是八旗、绿营俱已老大，军官浮夸不务实，因此曾国藩特别强调要身到、心到、口到、眼到。

历久弥新说名句

东晋大将陶侃镇守长江中游，求才若渴。有人向他推荐一位青年才俊，陶侃亲自往访，看见那人满屋书画，可是不修边幅，回头就走。然后对推荐人说"此子乱头养望，自称宏达"，言下之意是"才不堪用"。

东晋当时流行"清谈"，类此大言夸夸的人才很多。可是陶侃身负疆场重任，需要肯实干的人才。

名句可以这样用

曾国藩要求将领的"四到"，同样适用于我们立业处事。至于读书，则有"五到"：眼到、手到、耳到、口到、心到。

卒畏将甚于敌者胜

名句的诞生

卒畏将甚于敌者胜，卒畏敌甚于将者败。所以知胜败者，称[1]将于敌也，敌与将犹权衡[2]焉。

——《尉缭子·兵令》

完全读懂名句

1. 称：称量。

2. 权：秤锤。衡：秤杆。

语译：兵士畏惧将领超过畏惧敌人，这样的军队必胜；兵士畏惧敌人超过畏惧将领，这样的军队必败。怎么预知战役的胜败呢？就是用敌人来称量己方的将领，敌人和将领就好比秤锤和秤杆一样啊！

兵家诠释

《吴子》：将领治军，若法令不明、赏罚不信，临阵"金之不止，鼓之不进"，虽有百万，这种军队又有什么用？击鼓是指挥部队进攻，鸣金是指挥部队停止，夜间则用笳笛，第一次吹奏就出发，第二次吹奏就会合，不听号令就诛杀。——畏将则听令，畏敌则不听令，不听令则诛，畏诛则听令。

《司马法》：对军队畏敌的对策，

说明很详细：军队有畏惧之心时，队形要密集（有助于减低畏惧心理）；马惊嘶鸣造成士兵畏惧时，也应采密集队形；遇到危急状况，应下令部队采坐姿或卧姿（立姿会腿软或发抖）；坐阵或伏阵（卧姿）时，将领应放低身子（膝行）去到阵中，以宽厚的语言告诫他们（此时态度凶，军心只会更不稳）；如果士兵的畏惧心太甚，则不可诛杀，应该开示他求生之术（拼死杀敌）。上战场一定都会害怕，将领要帮士卒克服畏惧心。

实战印证

晚清中法镇南关之役，法军攻安南，清军往援，屡战屡败，退守镇南关。眼看法军要进入中国境内，广西巡抚潘鼎新命冯子材、王孝琪领兵驰援。

冯子材对王孝琪说："我军屡次败北，都是因为士卒见敌溃逃，必须从严取缔临阵脱逃者。现在请王将军你殿阵执行军法，见到私自退逃的，不分兵将，一律斩首。"冯子材当时已经逾七旬，须眉都是银白色，仍一马当先冲锋陷阵。军队受他感动，加上私退者死，乃奋勇杀敌，一举击溃法军。军士当然怕军法诛杀，可是如果将领（或长官）本身贪生怕死，乃持严厉军法，只怕会引起阵前兵变。

唐太宗李世民认为"严刑峻法使人畏我而不畏敌"有问题，就问李靖："汉光武帝（刘秀）在昆阳之役，以孤军击败王莽百万大军，并不依靠严刑峻法，不是吗？"

李靖回答："战争的胜败因素，情况可能千差万别，不可用一个原则去概括，也不可以一个案例去推翻。譬如陈胜、吴广打败秦军，岂是他们的军法比秦军更严厉呢？（秦朝的法律肯定最苛暴）光武帝能够兴起，是因为人心怨恨王莽；同时又因为莽军主将王寻、王邑不懂兵法，只会夸耀兵力强大，才是溃败的原因。"起义军不必用军法威迫，因为全是自愿抗暴的；王莽的军队则人无必死之心。

名句可以这样用

职业军人吃粮拿饷，一定要严肃军法，才会"畏将甚于畏敌"；抗暴军则是老百姓活不下去了才"揭竿起义"，败战横竖一死，拼命说不定还有生路，当然就"义无反顾"了。

名句的诞生

子曰:"善人教民七年,亦可以即戎¹矣。"子曰:"以不教民²战,是谓弃之。"

——《论语·子路》

完全读懂名句

1. 即:就,从事。戎:兵事。即戎:上阵作战。

2. 不教民:未受(军事)教育的人民。

语译:孔子说:"优秀的人执政,教导人民七年,也就可以让人民上阵作战了。""用没有受过军事训练的人民去打仗,等于是抛弃他(送死)。"

兵家诠释

《司马法》:士不先教,不可用也(古时只有"士"阶级才可以当军人,上战场打仗是士的特权之一,因为打仗立战功可以封爵,所以平民没有机会。到了战国时代,庶民也可以当军人了,但无论是士、还是民,都必须受过军事训练才上阵)。

《六韬》《尉缭子》:先从单兵作战教起,然后合十人做班教练,教成则合为百人(连教练),然后千人、万人,乃至三军大部队作战。因而能组成强

以不教民战,是谓弃之

大的军队，立威于天下。（打胜仗就是爱护士卒的生命。）

《李卫公问对》：将领的首要之务是治军公正并且统一思想，若到临敌紧要关头，军队进退失据，队伍凌乱无序，这跟驱使老百姓赴汤火、赶牛羊入虎口又有何分别呢？

历久弥新说名句

战国名将吴起第一次晋见魏文侯时，穿着儒服。魏文侯开口："寡人不喜欢治军打仗的事情。"吴起当场点破魏文侯言行不一，说："国君一年四季派人杀兽剥皮，在皮革上涂红漆，绘上各种颜色，烙上犀牛和大象的图案。"这些都是用来炫耀军威的东西——若不喜欢军事，那制作这些东西干什么！

吴起直指问题核心："那些东西，冬天穿不暖，夏天穿不凉爽。您的仪仗队用的长戟二丈四尺、短戟一丈二尺（都太长而不实用），战车的门被皮革（装饰品）遮住，战车的轮毂被皮革裹覆（也是装饰），看上去不华丽，乘出去打猎更嫌笨拙。如果用它来做国防使用，那简直是要孵雏的母鸡去跟狸猫搏，哺乳的母犬去跟老虎拼命啊！"兵法讲求实用，不尚美观。装饰用的兵器、兵车不能打仗，未受训练的士兵犹如鸡犬，上战场等于送死。

《论语》中另一则：孔子评论子路的能力："一个千乘之国（中等国家），可以让仲由（子路之名）去管理他的财货赋税。"子路回应："一个位处大国之间的千乘之国，因为战争与饥荒而衰弱，给我三年时间，可以让他的人民勇敢且知道方法。"这一段论及国家安全的两个要件：首先是富国强兵，而强兵的方法是教育（包含军事训练）。国家财政不振则国力衰弱，连带国防也不得振作；军队若不训练，则虽人数众多，也不能打仗。

名句可以这样用

国家富强、军队众多称为"足食足兵"，足食足兵固然有条件可以"耀武扬威"，可是如果只求外观华丽，兵器与装备却不堪实用，就是"银样镴枪头"。同理，军队若只是甲胄光鲜，却不训练，国君又好战，那就是"残民以逞"了。

治众如治寡，斗众如斗寡

名句的诞生

凡治[1]众如治寡，分数[2]是也；斗众[3]如斗寡，形名[4]是也。

——《孙子·势》

完全读懂名句

1. 治：管理。

2. 分：分层。如师、旅、团、营、连等。数：人数。每一个层级部队多少人。

3. 斗：战斗。众（寡）：带领大（小）部队作战。

4. 形：视觉辨识系统，如旗帜。名：声音辨识系统，如金鼓、号角等。

语译：管理人数多的大部队，如同管理人数少的小部队一样，必须建立军队的分层指挥系统；指挥大部队作战，如同指挥少数人一样，必须有良好的战斗指挥工具。

名句的故事

中国在周朝以前是城邦政治。所谓"国"通常只有一座城，夏、商、周的国君只是诸侯"共主"。那个年代要发动一场大规模的战争，必须号召诸侯各自领兵来会师，然后联合作战。由于各国军队的武器、装备、服装都不一样，甚至语言、习俗都有相当差异，所以，指挥大部队作战是一项高级技术。

在孙武（春秋）之前，姜太公吕尚是指挥这种杂牌军大部队的高级人才。根据《史记·周本纪》的记载，商纣王的军队有七十万大军，而周武王的直属部队只有戎车三百乘、虎贲（精锐部队）三千人，甲士四万五千人。而由周武王在商都朝歌的郊外牧野誓师时的誓词，可以略知周军的组成，除了本国军队之外，还有庸、蜀、羌、髳、微、纑、彭、濮等西方、南方少数民族。此外，响应周武王"吊民伐罪"的诸侯，也来了四千乘兵车。如此庞杂的部队要如何指挥？

《史记·齐太公世家》记载，姜太公左手拄着黄钺，右手举起白旄，宣示："苍兕啊苍兕，由你负责统领众人，作战不力者斩首。"苍兕，一说是青色的雉，一说是九头水兽，总之就是旗帜上的图案，也就是本文中所谓"形"。姜太公同时教诸侯联军"六步七步""四伐五伐六伐七伐"这些简单的协同战斗动作。这一场战役虽说是人心向背主导了胜败，但若周武王这一边的联军表现得如同乌合之众，能否以寡击众，仍大有疑问。

历久弥新说名句

汉高祖刘邦有一次问韩信："你认为我可以指挥多大的部队作战？"韩信说："大王可以指挥十万之众。"刘邦问："那你呢？"韩信说："多多益善。"刘邦说："那你为什么被我制住了呢？"韩信说："我是善于作战的将领，大王是领导将领的领袖之才啊！"

指挥系统讲求分层指挥，所以才能"治众如治寡"，可是每一位将领的指挥能力却各有其极限。至于"将将之才"是另一种才能、另一门学问。《孙子》书中常常把"主"与"将"并列，是因为春秋时的规模还不够大，常常国君亲自上阵。自战国以后，战争规模变大了，国君重在统御将领，亲征不再是常态。

名句可以这样用

分层负责的指挥系统，最高表现是"如身使臂，如臂使指"。而无论是军队还是政府文职机关、民间团体、企业、领导人最忌讳的就是"巨细靡遗""事必躬亲"。

名句的诞生

用众[1]在乎心一[2]，心一在乎禁祥[3]去疑。傥[4]主将有所疑忌，则群情摇；群情摇，则敌乘衅[5]而至矣！

——《李卫公问对》

完全读懂名句

1. 用众：带兵打仗。

2. 一：动词，齐一。心一：无有二念。

3. 祥：泛指各种迷信事物，如占卜、吉凶兆之流言等。

4. 傥：同"倘"。假如，如果，若是。

5. 衅：原意是用牲血涂器祭祀，古代出兵的仪式。乘衅：乘机出兵。

语译：带兵打仗最重要就是全军一条心，也就是心无二念。而齐一军心的重点在于禁止迷信、流言，去除兵士的疑虑。若是主将本身有疑虑或忌讳，那么，军心将会随之动摇，军心动摇，敌人就有可乘之机，发兵来攻了。

兵家诠释

《孙子》：禁祥去疑，则士卒不受惑；不蓄财富，则士卒不顾恋。如此，就能一心作战了。

《三略》：战术谋略必须绝对保密，

敌人就无隙可乘；士卒必须万众一心，就能以一当百；攻击必须快疾如风，敌人就来不及防备。

《司马法》：将领的心是心，兵众之心也是心。作为主将，一定要体会众心（"一心"不是主将个人意志，而是团结众心）。军队又好比人的身体，将军是身躯，大部队（卒，百人）是四肢，小部队（伍，五人）是手指。三军能够团结如一人（无二心），就能如臂使指，这种军队一定能取胜。

实战印证

淝水大战后，羌族姚苌背叛前秦苻坚（氐族），建立后秦，"二秦"于是交战不休。前秦皇帝苻登在军中树立苻坚的神主牌，装载在黄旗青盖（皇帝仪仗）的车上，派三百名虎贲战士侍卫。所有军事行动，都必先向苻坚的神主报备，然后才行动。前秦将士都在盔甲上刻"死""休"二字，意谓"至死方休"。万众一心为苻坚复仇，于是所向无敌。

后秦姚苌屡次败于苻登，以为真是苻坚在冥冥中相助，于是也在军中树立苻坚的神像，并向神像祝祷："我的哥哥被陛下杀害，哥哥嘱咐我为他报仇。苻登只是陛下的远房堂弟，都还要为陛下报仇，何况我为亲兄弟报仇！如今为陛下立像，请你不要再计较了。"

两军对阵，苻登向后秦军喊话："弑君还想立像求福，有用吗？弑君贼姚苌出来，与我决战！"姚苌无言以对，战事当然也对后秦不利，军中每天晚上都有数次惊扰，姚苌于是将神像头砍下，送去前秦军营。

苻登的做法虽然是借助神主牌，但与"禁祥"不冲突，反而有坚定复仇军心、统一思想的正面作用。相反地，姚苌立苻坚的像，就是迷信，就是"主将有所疑忌"，军心哪得不动摇？

名句可以这样用

孙中山先生说："思想就是一种信仰，一种力量。"武器拿在士兵手中，"万众一心"就能"以一当百"，若主将"瞻前顾后""反复不定"，军队的思想不能一致，就成"一盘散沙"，甚至"倒戈相向"！

非知之难，行之难

名句的诞生

凡战，非陈[1]之难，使人可陈[1]难；非使可阵难，使人可用[2]难；非知之难，行之难。

——《司马法·严位》

完全读懂名句

1. 陈：同"阵"，布阵。可陈：可以依照命令布阵。

2. 可用：能够灵活运用（阵法）。

语译：打仗时，布阵不难，让军队能够进入阵地（各就各位）的方法难；教会军队布阵的方法不难，让他们能够灵活运用阵法才难；总之，懂得理论和方法都不难，能够实际运用才难。

名句的故事

《李卫公问对》中，李靖对唐太宗说明阵法的古制。最早是姜太公建立周朝的军制，在歧都（纣王时周的都城）建立井田制（井田是田制，也具城外防卫兵车进攻的作用），当时周军有戎车三百辆，战士三千人，并且教军队"六步七步，六伐七伐"的阵法（每前进六七步就要重新对齐，每刺击六七次也要对齐）。而齐国是姜太公建立，齐国的兵法源自姜太公，《司马法》甚得太公军制、阵法、战法之精髓。

李靖以诸葛亮"八阵图"为底，参酌唐代军事实际需要，研制"六花阵法"，包括"车、徒（步兵）、骑"布阵、方阵、圆阵、曲阵、直阵、锐阵等阵法，在《李卫公问对》书中有很多讨论。

所谓"使人可阵"，就是以旗、鼓、铎等指挥，让兵卒习于耳目，练习该进、该退、该跪、该立，以及疾徐、集散等操典。

可是，临阵作战情况万般，必须灵活运用，则是阵法的高级技术。将领可以熟读兵书，所以布阵不难，列阵也容易；但士卒只是整个阵法中的"棋子"，必须平时勤加操练，战时由实战汲取经验，才能累积战斗经验，成为劲旅。这正是司马穰苴强调实战的要旨。

实战印证

战国时，秦国攻打赵国。是时，名将赵奢已过世，宰相蔺相如卧病，只好请出老将廉颇领军迎敌。廉颇计算两军实力之后，决定坚守不出战（不足则守）。秦军不能取胜，只好采用间谍战，扬言"廉颇老了，不敢出战；秦军只怕赵奢的儿子赵括而已"。赵王听了，就想用赵括取代廉颇。蔺相如抱病入宫进谏："赵括能读他父亲留下来的兵法，可是却不懂临机变化。"

事实上，赵奢在世时，与儿子谈论兵法，也常常是儿子讲赢，可是赵奢从来不称赞儿子。赵奢的妻子问为什么，赵奢说："打仗是生死之事，赵括却以为很容易，将来必闯大祸。"

所以，赵括的母亲也请求赵王，不要任命赵括为大将。但是赵王不听，派赵括取代廉颇。结果，赵军大败，赵括阵亡，秦军坑杀四十万赵卒。这就是著名的长平之战。

名句可以这样用

本句与《书经》"非知之艰，行之维艰"是同一道理，实战经验比兵书阵法更可贵，也印证了"知易行难"。而孙中山先生提倡"知难行易"，是鼓励大家"去做"，精神并不相悖。

名句的诞生

令者，一众心¹也。众不审²，则数变³；数变，则令虽出众不信矣！故出令之法⁴：小过无更⁵，小疑无申⁶。故上无疑令，则众不二听⁷；动无疑事，则众不二志⁸。

——《尉缭子·战威》

完全读懂名句

1. 一：统一。一众心：统一官兵的思想。

2. 审：了解，领会。

3. 数变：一再变更。

4. 法：原则。

5. 更：变更，改正。

6. 申：申明，公布。

7. 听：听信。不二听：不听流言。

8. 志：目标。不二志：目标一致。

语译：发号施令是为了齐一众心。兵众如果不能（透彻）领会命令，必将导致命令一再变更；命令一再变更的话，兵众对命令就无所适从了。所以，发号施令的原则是：发现有小瑕疵不必急于更正，执行中产生小问题不必一再说明。所以，指挥官没有犹豫不决的命令，兵众就不会听信流言蜚语；指挥官没有犹豫不决的行动，兵众就目标一致了。

小过无更，小疑无申

兵家诠释

《三略》：将无还令（改变前令），赏罚必信（兵众信服）；士卒用命，乃可越境（出征）。将领的命令明确，是军队可以出战的先决条件。

《司马法》：将领宜简约法令、减少刑罚。如果为了小罪而诛杀兵士，小罪遏止了，却酝酿了大罪之源（人心思乱）。

实战印证

三国时，曹操命令张辽领兵前往某地镇守。将出发前，军中传言有人谋反。夜里，营中哗乱，火光四起，全军扰攘纷纷。张辽对左右说："不要妄动，不是全营皆造反，一定是有人故意制造混乱，企图浑水摸鱼。"于是下令："不想造反者，就地坐下！"张辽自领数十亲兵，站在军营的中央（主将未走避，且有威势）。不一会儿，骚乱安静，揪出首谋者，斩首。尤其在纷乱局面，主将的命令要明确且易懂、易行（如故事中的"就地坐下"）。

三国时，司马懿、张郃等，领魏军二十万征蜀，大军逼近剑阁。诸葛亮率祁山屯田之众八万人，据险防守。蜀军恰好有轮调部队来到前线，诸葛亮的幕僚建议："敌军势强，可以考虑将原本要移防后方的部队暂留一个月，以壮声势。"但诸葛亮说："我带兵以诚信为本，绝不可坏了制度。该走的就依期回到屯垦区，他们的妻子都计算日期等待丈夫回家，即使面对紧张情况，也不可坏了制度。"该走的军士听说，人人感激不已，都愿意留下一战，相互告诫："诸葛公的恩情，虽死也难报答。"临战当天，个个拔剑争先，以一当十。那一仗，杀死张郃，击退司马懿，获得大胜。

名句可以这样用

"朝令夕改"是为政、治军的大忌。然而，战场上一个错误决策，很可能导致覆军亡身，所以，将领必须"审时度势"、"过则无惮改"，以免失去主动。改与不改的标准何在？简单说，就是"小过无更，小疑无申"，大过则非改不可。

杀贵大，赏贵小

名句的诞生

将以诛大[1]为威，以赏小[2]为明，以审[3]罚为禁止，而令行[4]。故杀一人而三军震者，杀之；赏一人而万人说[5]者，赏之；杀贵大，赏贵小。

——《六韬·将威》

完全读懂名句

1. 大：指高位者、亲贵。

2. 小：指地位低下者。

3. 审：慎。

4. 令行：命令得以被执行。

5. 说：读作"yuè"，同"悦"字。

语译：将帅以诛杀高官亲贵来建立威信，以奖赏基层士卒体现明察，以审慎刑罚来规范官兵行为（不是采取高压政策），如此则军令得以被执行。所以，如果杀一人而能使三军人心震撼，就杀他；赏一人而能使所有人高兴，就赏；诛杀重在杀高官，奖赏重在赏基层。

兵家诠释

《尉缭子》：该杀的人，虽然是亲贵，也一定要杀，这叫作向上用刑；奖赏及于军中牧童马夫，叫作向下用赏；能够向上用刑、向下用赏，方见大将威严。

《三略》：将领无威，则士卒不把刑罚当一回事；士卒轻视刑罚，指挥系统就失去控制，士卒就会逃亡，敌军必定乘隙行动，我军就败了。

《齐孙子》：如果赏罚都还没有施行，而士兵都听令行事，那么，这道命令肯定是士兵很容易就遵守的；如果已经施行赏罚（信赏必罚、诛大赏小），而士兵却不听令行事，那么，这道命令有问题，应是士兵难以做到的。

姜太公、尉缭、黄石公的着眼，在于赏罚的执行技术面；而孙膑则提醒"命令的合理性"也很重要，否则，即使诛大赏小，三军都畏惧将威、喜悦厚赏，命令仍然难以执行。

实战印证

春秋齐景公为燕晋联军入侵齐国而烦恼，宰相晏婴推荐田穰苴（即《司马法》的作者司马穰苴）为将军。景公召见田穰苴，任命他为大将，穰苴接受了任务，另外提出一个请求："臣原本官卑职小，如今国君不次拔擢，就怕士兵不服、人民不信，请国君选派一位宠信的贵重之臣，担任监军，必定有助于稳定军心。"齐景公认为此话有理，就指派宠臣庄贾为监军，田穰苴与庄贾约定：明日正午，在军门会合。

田穰苴第二天上午就到达军门，命令士兵摆下日晷、漏刻，等待庄贾到来。正午到了，不见庄贾人影，田穰苴下令收拾定时器，自己进入军营，点阅军队，颁布军法。直到黄昏时分，庄贾才结束各方饯行宴，来到军营，带着酒意向田穰苴表达迟到歉意。

孰料，田穰苴面孔一板，召来军法官，问明延误会合时间的罪刑"依法当斩",当场拖出去斩了。齐景公闻讯,急忙派使者来求情,却已经来不及了。于是三军震栗,田穰苴就此建立了他的将威,这就是"杀贵大"的最佳例证。

名句可以这样用

犯了军法,虽高位也必杀,"军令如山"就是威;赏及牛童马夫,士兵"心悦诚服"则是恩;好的将领必须"恩威并济"。

名句的诞生

视卒如婴儿，故可与之赴深溪[1]；视卒如爱子，故可与之俱死[2]。厚[3]而不能使[4]，爱而不能令，乱而不能治[5]，譬若骄子，不可用也。

——《孙子·地形》

完全读懂名句

1. 溪：山中的涧谷。赴深溪：前进危险地形。

2. 俱死：共赴死难（之地）。

3. 厚：优厚对待。

4. 使：指挥。

5. 治：惩治。

语译：看待士兵如婴儿（无微不至），就可以带领他们一同前进危险地形；看待士兵如爱子（亲如家人），就可以带领他们一同上战场拼命。如果对待士卒优厚却不听指挥，亲爱士卒却不能贯彻命令，违法乱纪却不能给予惩治，那就像家中被骄纵的孩子，是没有用（不能打仗）的。

兵家诠释

李筌：对待士卒能够视如婴儿、爱子，就能得其死力。

张预：将领视卒如子，则士卒视将领如父。父亲有危难任务，儿子当然一同拼命。

《三略》：士卒只可以与之搏感情，不可以骄纵。

实战印证

三国时，魏国派邓艾伐蜀，被姜维在剑阁守住，司马昭再派钟会为镇西将军增援，邓艾决定行险取胜，以独揽平蜀的功劳。于是召集诸将，问："我现在要与汝等一同立不朽之功，你们愿意追随吗？"诸将说："万死不辞！"邓艾乃派儿子邓忠领五千精兵为前锋，走阴平小路（高山峻岭，大军难以通过，万一退路被阻，全军饿死），逢山开路，遇水搭桥，自己带领三万精兵进发。

行至摩天岭，马已经不能走。邓艾见到邓忠的开路先锋部队都坐在地上哭泣，因为山壁坚峻，不能开凿。邓艾对军队说："不入虎穴，焉得虎子。我们已经到了这里，只有拼命前进。"军众都说："愿从将军之命。"于是邓艾亲自率先示范，以毛毡裹住身体，滚下山去，副将、军士通通相随，共有七千人下到地面。由于蜀军没有防守到这里，邓艾一路攻进成都，刘阿斗投降，蜀亡。邓艾能让军士跟随他"赴深溪"，如果平素不是"视卒如婴儿、爱子"，就不可能达到如此境界。

战国时，吴起为将，与最基层的小兵吃一样的伙食，与士卒共甘苦。有一位小兵身上生了脓疮，吴起亲自为他吸出脓汁，那位小兵的母亲听到消息，流泪哭泣。旁人问她："你的儿子是个小卒，大将为你儿子吸脓汁，为什么哭呢？"那位母亲说："从前吴起也曾为儿子的爹吸吮脓汁，他爹不久之后就战死了。如今大将又为儿子吸脓，我怎能不哭呢？"

名句可以这样用

　　各项条件"得天独厚"的人，称为"天之骄子（女）"，与本文的"家之骄子"应有所区隔。然而，一位天之骄子若"恃才傲物"，容易因为享惯特权，变成无法约束的骄纵之子。

爱之若狡童，用之若土芥

名句的诞生

……赤子[1]，爱之若狡童[2]，敬之若严师，用之若土芥[3]，将军……

——《齐孙子·将德》

完全读懂名句

1. 赤子：刚出生的婴儿。

2. 狡童：《诗经·郑风》有一首《狡童》，讽咏"女子心爱之人"，亦即"情人"。

3. 芥：芥菜味苦，芥子轻微。土芥：轻贱之物。用之若土芥，毫不珍惜地驱使。

语译：（将领对待士卒要如同）刚出生的婴儿般呵护，要如情人般爱怜，要如严师般敬重，要驱使他们如同泥土草芥一样。

名句的故事

唐朝安史之乱时，安庆绪派大将尹子奇围攻睢阳（河南商丘），河南节度副使张巡与睢阳太守许远率众死守，犹如安庆绪背上一支拔不掉的箭。

睢阳守军大约一万人，城中居民数万户，张巡只要问过对方姓名，日后再见面，一定叫得出他的名字。燕军（安禄山自立为大燕皇帝，安庆绪弑父，继任大燕皇帝）初来袭时，张巡杀牛宰羊犒赏士卒，亲自举大旗率众冲锋，一再击败敌军。

后来，城中粮食吃完了，诸将主张放弃城池，向东突围。张巡说："睢阳是江淮的屏障，放弃睢阳，等于丧失江淮。而且，我们的部众饥饿衰弱，行动迟缓，即使突围，也未必能脱险。城中百姓不能随军队突围，贼军久围不下，心中衔恨，一旦入城，百姓下场堪虑。只有死守城池，等待援军，才是正办。"

睢阳城里粮食吃完，吃茶叶、纸张，吃完再杀战马，之后捕鸟、挖老鼠穴。通通吃完了，张巡杀了自己的妾，许远杀掉家奴，分给士卒吃。再往后，吃城中妇女，吃完继续吃年老体弱的男子。每个人都知道一定会死，却没有人背叛。最后，睢阳城仍然陷落，全城只剩下四百人。

这是中国历史上堪称最惨烈的一场死守城池之战。张巡之所以能让睢阳城军民做到如此地步，就是奉行了孙膑的这几句格言：视之如赤子，爱之如狡童（杀牛宰马、杀妾杀仆），敬之若严师（最高指挥官见面叫得出士卒与老百姓的名字，除了亲切，更是一份敬重），然后才能用之若土芥（数万军民战死，只剩下四百人，人命全无价值）。

历久弥新说名句

已故（台湾地区）中央警官学校（今警察大学）校长梅可望，对于社会对警察的期望太高，却又不能给予相对等的社会地位，曾经以四句联述："期之如圣贤，防之如盗贼，驱之如牛马，弃之如敝屣"——这四句与本章名句的格式一致，但是，若以孙膑要求将领对待士兵的标准来看，社会对警察的确是太不公平了。老百姓期待警察能不畏凶险维持治安，也应该"恩威并济"。

名句可以这样用

前述张巡死守睢阳的故事，有一个成语"罗掘俱穷"："罗"是捕鸟的网，"掘"是挖鼠穴，"穷"是尽。"罗掘俱穷"原意是连鸟鼠都捕不到了，引申为困顿至极，已经一无所有之意。

名句的诞生

卒未亲附[1]而罚之，则不服，不服则难用也。卒已亲附而罚不行[2]，则不可用也。故令之以文，齐之以武，是谓必取[3]。令素行[4]以教其民，则民服；令不素行以教其民，则民不服。令素行者，与众相得[5]也。

——《孙子·行军》

完全读懂名句

1. 亲：亲近。附：服从。亲附：如儿子对待父亲般亲近、服从。

2. 不行：不能依法执行。

3. 必取：必胜。

4. 素：平素。素行：平常能执行。

5. 相得：融洽。

语译：（将帅对兵士未有恩德）军队尚未真诚拥护之前，就严格处罚，则军队不服，不服就很难带他们上战场了。（将帅已施恩德）兵士拥护将帅了，却不严格执行军法，这支军队就难以指挥了。所以，用教育来沟通理念，用军纪来整齐划一，就能打造一支必胜的军队。平素能遵行命令，战时教他们上战场，兵士就会服从；平时命令就不被遵守，战时希望兵士效命，兵士不会服从的。命令一向都被遵行，是因为将帅能与士兵打成一片啊！

兵家诠释

《三略》：士可下而不可骄。意思是，将领对士卒亲之如家人，则士卒感恩而愿为将领卖命。（"下"是放低身段的意思。）但是，体贴士卒却绝不可使之变成骄兵悍将，一旦法令不能节制，军队就不能打仗了。

《李卫公问对》：恩威并济必须先施恩德，后施威刑，二者不可颠倒顺序。如果施威于前，临阵才结以恩德，是无济于事的。

陈皞：法条要简明，重点在平素教育，让每一个人都清楚明了，此所谓"令之以文"；命令的重点在令出必行，令士卒对将领的决心没有怀疑，此所谓"齐之以武"。

实战印证

北宋与西夏在统安城开战，宋军败。一名将领刘法奔逃，一直到距离战场七十里的地方，四顾无人，才敢下马卸甲，暂图休息。过了一会儿，有几个军人挑着担子经过，刘法向他们索取食物，这几位军人是送食物去前线的，当然不愿给一个"逃兵"食物（将军卸甲看不出阶级）。刘法瞋目怒说："你们不认识刘经略吗？"一名军人说："原来将军是刘经略，小人有食物奉献。"回身自担中取出刀来，一刀砍死刘法，并取下他的首级。这位刘将军就是平素不得士卒敬爱，军中都听过他的名声，临及如此情况，非但不听令，还要了他的命。

清朝时太平天国造反，清军江南大营统帅向荣治军无方，只好以银子奖励军队作战，每次打仗出发前，每人发银一两。

后来粮饷不继，向荣宣布"以后出战，每人改发银子三钱"，却造成军队哗变，无奈只得收回成命，仍发一两。可是银子不够发，怎么办呢？只好记账欠着，于是士卒见大帅时，个个都是债主嘴脸，如此骄兵怎有战力，不久就被太平军攻破江南大营。这是有恩无罚的殷鉴。

名句可以这样用

将领待士卒如亲人，士卒才愿意为将领"赴汤蹈火"。然而，爱的教育仍必须配合铁的纪律，否则就成了"草莓兵"，不禁一战。

香饵之下，必有死鱼；重赏之下，必有勇夫

名句的诞生

军无财[1]，士不来；军无赏，士不往。香饵[2]之下，必有死鱼；重赏之下，必有勇夫。

——《三略·上》

完全读懂名句

1. 财：以财禄招士。
2. 香饵：美味之饵。

语译：军队不以优厚的条件招募勇士，就没有勇士前来；军队不以优厚赏赐激励官兵，战士就不愿上阵杀敌。使用美味的饵就一定能钓得到鱼，悬以重赏就一定能得到奋不顾身的勇士。

名句的故事

周文王出猎，在渭水滨遇到姜太公正在钓鱼，文王向他请教："先生喜欢钓鱼吗？"姜太公说："君子乐于实现志向，小人乐于完成工作，我钓鱼和这个道理相通。"

文王："怎么说道理相通？"太公："钓鱼之道，蕴含三种权术：用厚禄网罗人才，好比用鱼饵钓鱼；用重赏收买死士，好比香饵之下必有死鱼；以官职授予不同人才，好比钓上来的鱼

分类使用。钓鱼的道理很深奥的呢！"

文王："请深入阐述。"太公："钓丝细，鱼饵显著，小鱼就会来吃；钓丝中等，鱼饵味香，就能钓上中鱼；钓丝粗长，鱼饵丰富，就能钓得大鱼。鱼儿因为贪吃钓饵而被钩住，士人因俸禄而为君主服务。所以说，以饵钓鱼，鱼上钩；以爵禄罗致人才，人尽其才；以一城取一国，国可得；以一国取天下，天下尽入掌中。"

实战印证

春秋时，楚国征伐绞国（南方小国）。楚军将领屈瑕说："绞小学而浅薄，少计谋，我军可以放任采樵军夫（不防备）作为诱饵。"绞军一次虏获三十名军夫和他们采得的薪材，以为楚军不防备，第二天争相往山中捉采樵军夫，楚军埋伏在山下，大破绞军。这是以利诱敌，香饵之下必有死鱼。

战国时，秦兵包围赵国首都邯郸，宰相平原君向楚国春申君与魏国信陵君求援。援兵未至，邯郸城内却已经"析骨而炊，易子而食"，——百姓用死人骨头当燃料，交换小孩烹食，形势危急，旦夕沦陷。

平原君的门客李谈建议："邯郸城内薪尽粮绝，可是阁下家里还有上百位美人，婢妾们依旧穿着绫罗，餐餐尚有剩余的米饭和肉；百姓穷困，兵器都用完了，削尖木头当矛矢，可是阁下家里却器用无缺。如果赵国灭亡了，阁下还能享用这些吗？如果赵国得以保全，阁下又何愁没有荣华富贵？现在，只要阁下让家中夫人以下妾婢，参与分担军队后勤工作，并拿出家中东西，分给士兵，他们一定会感恩而奋勇杀敌。"

平原君采纳李谈的意见，以重赏募得三千死士（非正规军），交给李谈，开城出战，竟然将秦军逼退了三十里，也为邯郸城争取到宝贵时间。楚、魏援兵赶到，邯郸解围。这是重赏之下必有勇夫。

名句可以这样用

"奖善惩恶""赏罚公允"是平常该做的事，但若情况紧急时，就不能太顾及制度，悬重赏以招募死士，才有可能"力挽狂澜"。

名句的诞生

夫民无两畏[1]也。畏我侮[2]敌，畏敌侮我，见[3]侮者败，立威者胜。……爱在下顺[4]，威在上立，爱故不二[5]，威故不犯[6]。故善将者，爱与威而已。

——《尉缭子·攻权》

完全读懂名句

1. 两畏：对两方面都畏惧。

2. 侮：轻蔑。

3. 见：遭受。

4. 下顺：顺应下情。

5. 不二：不生二心。用法如"忠贞不二"。

6. 犯：触犯、冒犯。不犯：不敢违令、抗命。

语译：兵士（《尉缭子》中常以"民"指兵士、军队）不会对两方面都畏惧。指交战状态下，畏惧我（指将领）就轻蔑敌人，畏惧敌人就轻蔑我，遭到轻蔑的一方必败。……将领受爱戴之道在顺应下情，威望则必须自上而下建立（亦即贯彻命令）。因为受爱戴，所以军队不生二心；因为将领有威，所以士卒不敢违令，也不敢抗命。所以说，善于统领的人只需把握"爱与威"两个重点就好了。

名句的故事

周文王问姜太公："要想使君王受

尊崇，人民得安宁，该怎么做？"姜太公说："唯有爱民而已。"
文王再问爱民的具体做法。姜太公说："治理人民如同父母爱
儿子、哥哥爱弟弟，看见他们饥寒则为之忧心，看见他们劳
苦则为之难过，施以赏罚如同加于自己身上，征收赋税好比
掏自己的口袋。这就是爱民的道理。"简单说，就是"苦民所
苦，乐民所乐"。周文王采用了姜太公的爱民之道，得到天下
诸侯三分之二的归心。

文王死，武王继位，问太公"军队如何立威"。姜太公说：
"杀一人而能震慑三军人心，就杀；赏一人而能鼓舞万人，就
赏。"武王以此建军，灭纣兴周，成为天子。

实战印证

"孔明挥泪斩马谡"是"爱与威"的最佳诠释。马谡是孔
明的爱将，全军都知道，可是马谡违背孔明的将令而失守街亭，
差一点造成全军覆没，幸得诸葛亮以"空城计"唬退了司马懿，
争取到时间，赵云赶回，解除危机。危机解除之后，诸葛亮下
令斩马谡，且看《三国演义》这一段：

谡泣曰："丞相视某如子，某以丞相为父。……（请求照顾
自己年幼的儿子）某虽死亦无恨于九泉！"言讫大哭。孔明挥
泪曰："吾与汝义同兄弟，汝之子即吾之子也，不必多嘱。"须
臾，武士献马谡首级于阶下，孔明大哭不已。大小将士，无不
流涕。却说孔明斩了马谡，将首级遍示各营已毕，用线缝在尸
上，具棺葬之；将谡家小加意抚恤，按月给予禄米。

违令败战，虽为爱将，当斩即斩，斩了还要"传首示众"，
这是"威"；同时将之全尸下葬，并抚恤遗孤，这是"爱"。

隋末群雄逐鹿，王世充据洛阳，自封郑王，任命秦叔宝为龙骧大将军，程知节（程咬金）为将军，对待这两位瓦岗寨的英雄非常优厚。可是秦叔宝和程咬金却不欣赏王世充的作风，于是在一次与唐军对战时，秦、程二将"阵前起义"，率领数十骑驰离阵地百余步，下马向王世充行礼，说："我们承蒙您的礼遇，很想报答您，可是您的作风与我们理念不合，实在无法为您效劳，就此告辞。"然后就奔进唐军阵地投诚，后来成为唐朝开国元勋。王世充"有爱无威"，留不住人才，卒致失败。

唐朝安史之乱时，史思明屯兵于河清（今河南，重要渡口），唐将李光弼在野水渡立栅守备。

到了黄昏，李光弼留部将雍希颢守栅，自己返回河阳守城。并且交代："贼将高廷晖、李日越都骁勇善战，若是其中之一来攻，只许坚守，不准出战。很可能二人都来降。"

翌晨，史思明派李日越来攻，在栅外问："司空（李光弼官名）在吗？"栅内回答："昨晚就走了。"

李日越当场请降！李光弼厚待之，后来，居然高廷晖也来降了！原来，史思明下令"不能生擒或杀死李光弼，就别回来了"。史思明有"威"却无"爱"，部将"畏之"，却不愿为他效死。这一点被李光弼料中，史思明于是失去二员战将。

名句可以这样用

将领有威就能"军令如山"，将士因而"战战兢兢"，但若不能"视卒如爱子"，一旦生死攸关，又有好机会可以"跳槽"，部将很可能就一去不回头了。

奇正相生（无穷）

名句的诞生

凡战者，以正合[1]，以奇[1]胜。……声不过五，五声[2]之变，不可胜[3]听也；色不过五，五色[4]之变，不可胜观也；味不过五，五味[5]之变，不可胜尝也。战势不过奇正，奇正之变，不可胜穷也。

——《孙子·势》

以正合，以奇胜

完全读懂名句

1. 合：交战。奇：异。以正合，以奇胜：以正兵当敌，对面作战，以奇兵突击取胜。

2. 五声：中国传统音乐是五声音阶，宫商角（音"jué"）徵（音"zhí"）羽。相对八声音阶的 Do Re Mi So La。

3. 胜：尽。

4. 五色：青黄赤白黑。

5. 五味：酸辛咸甘苦。

语译：战术运用总是以正兵当敌，以奇兵取胜。……声音不过五个音阶，可是五声的变化，就听不尽了；颜色不过五个色素，可是五色的变化，就看不尽了；味道不过五种，可是五个味道的变化，就尝不尽了。战术运用不过奇兵、正兵，可是奇正的变化，就无穷尽了。

兵家诠释

《六韬》：攻伐的战术运用，随着敌人的行动，变化于两阵之间，奇兵与正兵的运用，源自将领不会枯竭的智慧。

《李卫公问对》：教育将领要先教奇正相互变化的方法，然后教他们如何辨识虚实的形态。将领如果不懂以奇为正、以正为奇的变化，又如何识得"虚是实，实是虚"呢？

曾国藩：忽主、忽客、忽正、忽奇，变动没有一定规则，转移没有一定形势，能够一一加以区别，用兵之道就掌握过半了。

李筌：正面对战与侧翼掩袭，战场上因地形、敌我之变化，何止万般，故不可穷尽。

实战印证

唐太宗与李靖检讨当年击败宋老生（隋将）一役。初交锋时，右军因李建成坠马而阵脚不稳，军队稍稍退却。宋老生逮到机会，冲向唐军缺口，意图由此击溃唐军阵线。幸赖李世民率领骑兵邀击（横向攻击其队伍）之，宋老生被切断后路，大败，战死。太宗问："那是正兵，还是奇兵？"

李靖说："我军以仁义兴师（该役是唐军起义第一场战役），是正兵；建成坠马，右军稍却，是奇兵。"

太宗问："当时差一点坏了大事，为何说是奇兵？"李靖："如果右军不露出破绽，宋老生怎么会投入精锐部队，向缺口冲锋呢？宋老生恃勇急进，却没注意被断后，被陛下击败，这就是'以奇为正'了。"

太宗说:"是啊!当右军退却时,高祖(李渊)脸色都变了,等到我奋力出击,局势才转为对我军有利。"

事实上,李世民有一支直属的黑衣玄甲骑兵,唐朝取天下的大小战役中,常常是这支"奇兵"建立功勋。李世民擅长运用"奇正互生",具有用兵天分。

名句可以这样用

正兵临敌凭实力"斩将搴旗";奇兵突袭靠机变,有时"扼喉抚背",有时"批亢捣虚"。总之要掌握战场上的变化"乘瑕蹈隙"。

正兵贵先，奇兵贵后

名句的诞生

夫蚤[1]决先定[1]，若计不先定，虑不蚤决，则进退不定，疑生必败。故正兵贵先[2]，奇兵贵后[2]，或先或后，制敌[3]者也。

——《尉缭子·勒卒令》

完全读懂名句

1. 蚤：早。早决先定：制敌机先。

2. 先：先发。后：后发。

3. 制敌：掌握敌情而得以制服敌人。

语译：战略战术应早做定案，方能制敌机先。如果战略不先决定，各种状况不先分析，并据以拟订应变战术，那么，在实战中遇到状况，就会进退失据、疑虑丛生而导致失败。所以说，正兵贵在先发制人，奇兵贵在后发制人，无论先发或后发，都是因为充分掌握敌情，而能制服敌人。

兵家诠释

兵家的思想一贯性，由"胜兵先胜而后求战"（战争原则），到"以正合，以奇战"（战术原理），再到"正兵贵先，奇兵贵后"（战术运用），而"无所不用间（谍）"则是掌握敌情的必要手段。

曹操注《孙子》："以正合，以奇胜"，"奇兵从旁击不备也"。这个注解让很多人误以为"正兵就是正面列阵交战，奇兵就是侧翼突击"那样简单。李靖对此做了较清楚的注解：大军正面交战是正兵，随着战况发展，将领临机应变的战术运用是奇兵。而无论曹操或李靖的注解，都符合《尉缭子》本句，若只拘泥于"正面／侧翼"的布置，就不符合因敌制宜的道理了。

实战印证

唐高祖李渊派河间王李孝恭讨伐根据地在江陵（武汉）的军阀萧铣，李靖担任实质的指挥官。时值秋潦，江上风浪险恶，萧铣不防备，唐军诸将也主张"江平乃进"。李靖说："兵贵神速，现在趁水势直逼敌阵，可以收震雷不及掩耳的奇袭效果。"李孝恭采纳。

唐军二千艘战船直进到夷陵，萧铣部队只有数千人，闻讯大惧，倾巢而出抵抗，李孝恭有意下令攻击，李靖说："那些守军并没有预先拟订的防御战略，现在攻击，他们会拼命死战，不如在南岸缓一天，他们的怒气降低、恐惧升高，不是分兵防守，就是退回自保。一旦出现隙弱，我们就有机会了。"这一次，李孝恭不采纳，自己领兵攻击，留李靖守营，结果遭到挫败，撤退回南岸。

萧铣军大肆劫掠唐军留下船只上的物资，一个个都背着过重的包袱。李靖见对方散乱，率领留守军队渡江攻击，大破之，并且乘胜追击，直逼江陵，更攻入江陵城的外郭。

李靖要李孝恭下令，将萧铣军队的船只全数散放江中，让它们顺流而下。诸将不懂，"为什么弃船资敌？"李靖说："萧铣的地盘包括洞庭湖到岭南，我军深入敌地，如果一时攻不下江陵城，敌方援军四集，我军势必腹背多敌，进退不得。大量的弃流舟船，会让下游敌军以为江陵已被攻下，不敢轻举妄动，我军就争取到攻城的时间。"李靖能在战略上制敌机先，又能在战场上"转奇为正"，更能"进退有度"，显示"变化尽在掌握之中"。

名句可以这样用

敌我情势尽在掌握之中，就是"知彼知己"，临阵乃能"相机行事""游刃有余"。

名句的诞生

善用兵者，譬如率然[1]；率然者，常山之蛇[1]也。击其首则尾至，击其尾则首至，击其中则首尾俱至。敢问：兵可使如率然乎？曰：可。夫吴人与越人相恶也[2]，当其同舟而济[3]，遇风，其相救也如左右手[4]。

——《孙子·九地》

完全读懂名句

1. 率然：传说中产于常山的大蛇。常山位在浙江会稽。

2. 吴人与越人相恶：吴王阖闾与越王允常（勾践之父）时相交伐，因而吴越成为世仇。

3. 济：渡河。

4. 相救如左右手：人遇灾难时，左右手同时出力。比喻"同为一体，合作无间"。

语译：善用兵的将领能将军队训练得如同率然一样，率然是传说中产于常山的大蛇，动作灵敏，打它的头，蛇尾来救应，打它的尾，蛇头来救应，打它的中段，头尾一同来救应。请问："军队可以训练得像率然一样吗？"答："可以的。即使如吴国人和越国人那样的世仇，当他们搭同一艘船渡河时，遇到风浪，相互救援就如同左右手一般，合作无间。"

同舟而济，相救如左右手

兵家诠释

张预：本段是比喻阵法变化。《八阵图》说："以后军为前军，以前军为后军。阵式有四头八尾，敌军攻来之点就是首（尾来救），若敌军分兵攻击中间（意图冲破我阵，分断我军），首尾都要来协防。"

杜牧、梅尧臣：将领必须制机权变，并置军队于死地，使人人奋勇，相救如左右手。这是防守阵地的高级战术。

陈皞：置兵于必战之地，使怀有必死之忧虑，则首尾前后不得不协同作战。吴越世仇尚且相救如左右手，何况战友义气？

实战印证

北宋军事理论家郭固著《九军阵法》，九军各自为阵（交战时结为一阵，休驻时结为一营），分列左右前后，各占地利。旌旗金鼓（战中的指挥系统）一作，该收该放、该合该散，见似浑沦，却自有其规律。若九军结成一大阵，则成四首八尾（如张预引《八阵图》之注），与敌军接触点即为首，其他即成救援部队。结阵防御若能以常山之蛇为"最高境界"，就可以让全军一体，无懈可击。

唐朝名将李晟，十八岁就参加王忠嗣率领抵抗吐蕃入侵的军队，年轻善战，号称万人敌。吐蕃将领尚结赞率军过陇岐山区时，李晟精选三千人，由王佖带领，埋伏在沂阳城内，突击吐蕃军。李晟交付战术命令："番军经过城下，不要攻击先头部队，也不可攻击殿后部队。因为即使先头或殿后部队遭到挫败，中军主力仍然保有实力。必待其前军通过，看见五方旗（代表东南西北中五个方位的青赤白黑黄五色旌旗），身穿豹纹军装的，就是吐蕃的中军。出其不意突击，可建奇功。"王佖依指示出击，果然吐蕃军被冲散，溃不成军。

名句可以这样用

本文成为两则成语的典故："率然相应"，喻组织间相互协调合作密切，如常山之蛇；"吴越同舟"，喻原本相仇之人也会相救。此外，"首尾不能相应"形容无组织、无训练、无默契。

乱生于治，怯生于勇，弱生于强

名句的诞生

乱生于治[1]，怯生于勇，弱生于强。治乱，数[2]也；勇怯，势也；强弱，形[3]也。

——《孙子·势》

完全读懂名句

1. 治：严整。

2. 数：部曲，组织，指挥系统。

3. 形：外在形态。

语译：军队（看起来）混乱是出自（纪律）严整，怯懦是出自勇敢，羸弱是出自坚强。军队能整能乱，是指挥系统令出必行；军队似怯实勇，是将领能够操控士气；军队示弱或示强，端视将领想要给敌方看到什么。

兵家诠释

杜牧：我军强、敌军弱，就故意示敌以弱，以为我军纪律不整、士气不振、软弱不堪，让他主动来攻（以免敌军采守势或游击，无法捕捉其主力）；我军弱、敌军强，则示以强形，让对方产生疑虑，改采守势或退兵；总之，敌军的动作，都受我方的牵引。

夏振翼：若斥候探得敌军行阵之间，旌旗错乱、人声嘈杂，看似混乱无节制。还得听其钲鼓、步伐声、马蹄声，辨别是真乱，还是诈乱。敌人于战进行中退却，要检视其车辙、望其旌旗，不可轻率追击，以免中伏。敌方布阵不成规矩，要注意树林中有没有伏兵。因为乱不一定是真乱，怯不一定是真怯，弱不一定是真弱。而如果他是伪乱、伪怯、伪弱，则必定有埋伏。

实战印证

战国时，赵将李牧守雁门关防备匈奴。派出很多斥候、间谍，严格要求烽火系统完善，并且下令："匈奴人若来，军民人等一律入关自保，有人敢战者，斩。"这样数年之后，匈奴人以为李牧是位"怯将"，连赵国边防军队士兵也以为李牧胆怯。赵王听说了，派使者责备李牧，李牧依然如故。赵王大怒，将李牧召还，另以他将代之。

一年多下来，匈奴人每次南下牧马，赵军都出战，大多吃败仗，损失惨重，边区人民不得安居乐业。赵王乃再请李牧出山，李牧说："如果要用我，就请允许我采用过去的方法。"

赵王准许李牧用他的方法，匈奴数年无所斩获，但总以为李牧是怯懦。边防将士日日操练，李牧四季都厚赏将士，人人都想要出战。于是李牧精选三百乘兵车、一万三千匹战马，百钧之士（力能用弓一百钧的勇士）五万人，步兵十万人，加紧操练。

练兵完成，李牧下令放牛马出外畜牧，人民与牲口遍布原野。匈奴小部队来掠，赵军才一接触就假败，让他掳去数千人民包括牲口。匈奴单于闻讯，率众大举南下，李牧布下奇阵，左右翼包抄攻击之，大破匈奴，斩杀十余万骑兵，单于遁走。

之后十余年，匈奴不敢靠近赵国边境。

李牧放人民、牲口遍布原野，是"乱生于治"，佯败是"怯生于勇"，多年示弱以引来匈奴大军，是"弱生于强"。

名句可以这样用

"示敌以怯"的配套做法是"明耻教战"，军队皆思雪耻，才能收"怯防勇战"的效果。

名句的诞生

柔能制刚，弱能制强。柔者德¹也，刚者贼²也。弱者，人之所助；强者，怨之所攻。柔有所设³，刚有所施⁴，弱有所用⁵，强有所加⁶，兼此四者，而制其宜。……如此谋者，为帝王师。

——《三略·上》

完全读懂名句

1. 德：恩德。

2. 贼：害，以力服人。

3. 设：计。

4. 施：着力。

5. 用：运用。

6. 加：持续。

语译：柔可以胜过刚，弱可以胜过强。柔，就是以恩德感化人；刚，就是以力量让人屈服。示人以弱，就会得到帮助；示人以强，就会引来攻击。使用"柔"道，必须精密计算（否则会变成软弱）；使用"刚"道，必须认清着力点（否则树敌太多或战线拉长）；使用"弱"道，必须运用恰当（否则反而招来羞辱）；使用"强"道，必须能够持续（否则将受反击）。用兵要能将"刚柔强弱"四者融会贯通，视情况采取适当战术。能够做到这样，就可以辅佐帝王，一统天下。

柔能制刚，弱能制强

兵家诠释

《三略》在兵法"奇正虚实"之外，强调"刚柔强弱"，将政治、军事提升到哲学层次，是受到《老子》的影响。

《老子》："天下莫柔弱于水，而攻坚强者莫之能胜，以其无以易之（水有无可取代的至柔之性）。弱之胜强，柔之胜刚，天下莫不知，莫能行（天下人都知道，却没有人能够做到）。"

《尉缭子》也看得到老子的影响："胜兵似水。水是最柔弱的，可是当它冲激山陵，没有不崩坏的。"

名句的故事

《三略》相传是黄石公传给张良的"太公兵法"，而本句在张良和姜太公的故事中，都得到印证。

司马迁在《留侯列传》末尾说："我原本以为张良应该是个魁梧大汉，及至见到他的画像，才晓得他俊美如妇女。"易言之，张良外貌是相当柔弱的，可是他屡出奇计，辅佐汉高祖刘邦一统天下，自述"以三寸舌为帝王师"，显然具备"以柔制刚，以弱制强"的能力。

周文王被殷纣王囚在羑里，姜太公搜罗美女奇珍，献给纣王，赎回文王。周文王采纳姜太公的建议，修德以争取诸侯归心，因而天下三分之二诸侯倾向周，只剩三分之一仍忠于殷。周文王就是"柔者德也"，殷纣王暴虐就是"刚者贼也"。

话说回来，有"帝王师"之才，还得遇上帝王才能成功：刘邦用张良之计烧栈道是"柔有所设"，命韩信出陈仓是"刚有所施"；周文王已得三分之二天下，仍奉纣王是"弱者人之助",周武王伐纣的牧野之战"血流浮杵、赤地千里"是准备充足"强有所加"。

名句可以这样用

"以柔制刚"不可误以为"柔一定胜刚"。汉朝对匈奴、唐朝对吐蕃都采"和亲政策",是以柔制刚的战略;但宋朝一味以赔款换取和平,就是"姑息养奸";而清朝割地赔款更是"丧权辱国"了。

战欲奇，谋欲密，众欲静，心欲一

名句的诞生

将有五善[1]四欲[2]。五善者，所谓善知敌之形势，善知进退之道[3]，善知国之虚实，善知天时人事，善知山川险阻。四欲者，所谓战欲奇，谋欲密，众[4]欲静，心欲一[5]。

——《将苑·将善》

完全读懂名句

1. 善：(擅长之) 能力。

2. 欲：要求。

3. 进退之道：进军与撤退的路线。此处非指将领个人官职的"进退之道"。

4. 众：士众，军队。

5. 一：动词，齐一。

语译：将领应具备五项能力，并达到四项要求。所谓五项能力是：很会观察敌军的形势，很清楚进军与撤退的路线，很了解敌国的虚实，很能掌握天候与人心，很熟悉行军途中的地理环境。所谓四项要求是：作战要求出奇制胜，计谋要求思考周密，军队要求安静无声（同时意味军心稳定），思想要求三军一心。

兵家诠释

《司马法》：位欲严（阶级严格），政欲栗（军法肃然），力欲窕（行动敏捷），气欲闲（举重若轻），心欲一（三军一心）。

《三略》：将谋欲密，士众欲一，攻敌欲疾。

《鬼谷子》：谋必欲周密，力求"结而无隙"（紧密无间，无懈可击）。

实战印证

西汉"七国之乱"，太尉周亚夫领兵往征，大军行至灞上，参谋赵涉遮对周亚夫说："吴王计划谋反已经很久，他们一定有情报知道将军出征，而会在殽山到渑池之间（太行山区）的险要地带布下重兵。军事讲求出奇与秘密，将军何不绕道蓝田，经武关直抵洛阳。估计行军日程，不过差个一两天，但是避开敌方主力，等到七国发现你已经深入心脏地带，会以为将军是从天而降。"周亚夫采纳赵涉遮的计谋，顺利进至洛阳，掌握战场主动权。然后派出军队搜索殽渑之间山区，果然搜得伏兵。——战欲奇，包括料中敌军设下的奇兵，予以反制。

三国时，诸葛亮与司马懿在五丈原对峙。诸葛亮宿疾发作，自知不免，临死前嘱咐杨仪："我死了，要保守秘密，绝不可挂孝开丧，并且从后方的营寨先撤，一营一营陆续撤军，并且如此这般……"杨仪依计行事，最后还扬旌鸣鼓，摆出进攻的姿态，然后烧营遁去。司马懿隔天进入蜀军阵垒，发现许多文书、地图、粮草都没撤走，这才醒悟"蜀汉必定发生重大变局"，急忙派兵追击，一路追到赤岸，才知道诸葛亮已经死了。诸葛亮人都死了，军队还能做到"谋欲密、众欲静、心欲一"。

名句可以这样用

　　战欲奇要让敌人以为"天降神兵"，谋欲密要做到"滴水不漏"，众欲静要"偃旗息鼓""无声无息"，心欲一则能"众志成城""一呼百诺"。

名句的诞生

天地之理[1]，至则反[2]，盈则败[3]，日月是也。……善战者见敌之所长，则知其所短；见敌之所不足，则知其所有余。见[4]胜如见日月，其错胜[5]也，如以水胜火。

——《齐孙子·奇正》

完全读懂名句

1. 理：法则、规律。

2. 至：极。至则反：物极必反。

3. 盈：满。败：损、衰。

4. 见：预见。

5. 错：措。错胜：取胜（的方法）。

语译：天地运行的法则，物极必反，盛极而衰，如日月之运行。……善于用兵的将领见到敌军的长处，就知道自己的短处；见到敌军不足之处，就见到自己有余之处。良将预见胜利，犹如预知日月（白天黑夜）运行那样必然，他们取胜的方法，就像用水灭火那样（自然且有效）。

名句的故事

　　魏赵联军攻打韩国，韩王向齐威王求援，威王派田忌与孙膑领兵往救，采用围魏救赵之计，直趋大梁。孙膑对田忌说："三晋（魏赵韩三国皆由晋国分出）之兵素来悍勇，而且轻视齐兵（齐兵有怯懦之名），善战者要因势利导，运用双方的心理。"于是献"减灶"之策：齐军进入魏国国境之后，第一天挖十万口灶，第二天挖五万口，第三天再减为三万口。

庞涓带领魏军回头支援大梁，每天清点齐军宿营地的灶数，发现一天比一天锐减，大喜，说："我早就知道齐兵胆怯，进入我国境才三天，士卒逃亡已超过一半了。"于是丢下步兵，以轻骑兵加倍速度追赶齐军。

孙膑计算庞涓的行军速度，在马陵（山东）设下埋伏。马陵是一个山间狭道，孙膑预先将一棵大树砍去树皮，在白色树身上写字"庞涓死于此树之下"。命令齐军准备好强弓硬弩，夹道埋伏，约定"夜里看见火光在树旁亮起，就万箭齐发"。果然庞涓在当天晚上追到马陵，见到白色树干上写着字，叫人燃火烛照亮观看，一行字没看完，齐军万弩俱发，魏军大乱，庞涓自知不免，拔剑自刎。

孙膑看清楚敌人之长（悍勇），也制造了敌人之不足（轻骑倍进），并且精密计算了庞涓行军的速度，包括准确估计庞涓的心理变化（观察三天后，才相信齐军是真的发生了逃亡潮），的确称得上"见胜如日月"了。

实战印证

北宋时，狄青受命征剿邕州（广西）土匪侬智高。幕僚提出："侬智高有一支'标牌军'勇猛善战。"狄青说："标牌军是步兵，遇到骑兵就不够灵活了。"于是招募西方游牧部落志愿军参加。

大军接近土匪地盘，狄青下令扎寨驻营，宣布"第一天晚上宴请将佐，第二晚宴请随军文官，第三晚宴请士官兵"。第一晚喝得通宵达旦，第二晚大风雨，狄青在席中说"肚子痛"，入内如厕，过一会儿又派人代表主持宴会，直到天亮，宾客不敢退席。忽然有使者来通报："元帅领番骑兵，已经夺下昆仑关。"——知敌之长短，松懈敌人心防，一战成功。

名句可以这样用

人人都知道"知彼知己"，可是"见敌之长，知己之短"才是高难度的能力。

始如处女，后如脱兔

名句的诞生

敌人开阖[1]，必亟入[2]之。先其所爱[3]，微[4]与之期[5]。践墨[6]随敌，以决战事。是故始如处女[7]，敌人开户[8]；后如脱兔[9]，敌不及拒[10]。

——《孙子·九他》

完全读懂名句

1. 阖：闭门。开阖之间必有隙可乘，故以"开阖"比喻军队调动时出现的空隙、弱点。

2. 亟：迅速。亟入：快速攻击。

3. 爱：欲。此处作"战略要地"解释。

4. 微：不要。

5. 期：约期会战。

6. 践：遵循。墨：绳墨，指兵法准则。

7. 处女：沉静且柔弱。

8. 开户：不关门户，比喻不戒备。

9. 脱兔：如兔子脱走般突然且快速。

10. 拒：防御，抵抗。

语译：敌军一出现空隙，必须迅速切入攻击。抢先占据对方想要占据的地方，而不要先与对方约期会战（抢先占领险要处后，才约期会战）。凡事遵循兵法原则，也就是因敌而取势，以决定战术。所以，开始时要像处女一般沉静，以向敌人示弱，使敌人不戒备；（等占到险要）然后要像兔子脱出笼子一般，突然且迅速的行动，让敌人来不及防备。

兵家诠释

李筌：敌军开阖未定，正是调动兵马、将要来攻的迹象。不可以等他布好阵来攻，要趁他阵脚未定时，找到弱点，先发制人。

曹操：后人发，先人至。梅尧臣引申曹操：后发，是确定敌军的方向、目标与战略；先至，是要抢先占领险要之地。

陈皞：用兵最重要的是快速，所以说"兵贵拙速"，但凡事仍得遵循兵法准则，视敌军之形而变化。也就是"不可拙得毫无弹性"。

历久弥新说名句

司马迁在《史记·田单列传》结尾评论中，引用《孙子兵法》："兵以正合，以奇胜。善之者出奇无穷，奇正还相生，如环之无端（循环运用无穷尽）。夫始如处女，敌人开户；后如脱兔，敌不及拒。"不正好用来描述田单吗？

司马迁指的，正是田单守即墨，最后反攻前的作为：先向城外燕军示弱，并且用计让燕军割战俘鼻子、掘城外坟墓（燕将士轻敌，才会中这种诡计），激起城中守军怒火。然后用火牛阵突然发动反攻，一战击溃燕军。

春秋时，宋襄公与楚军在泓水会战。宋军已经布阵妥当，楚军尚未完全渡河。宋国的司马（相当参谋总长）子鱼说："对方人多，我方人少，趁他尚未完全渡河，把握机会攻击才是。"宋襄公不同意。

等到楚军渡河完毕，可是还没列阵完成，子鱼再度请命攻击，宋襄公还是不同意。

　　等到楚军列阵完成，两军交战，宋军大败，宋襄公称霸的梦也碎了。这是"敌人开阖，必亟入之"的反面教材。

名句可以这样用

　　本句后来演变为"静如处子，动如脱兔"，意境较高，用字较雅，适用范围也较广。

名句的诞生

激水¹之疾，至于漂石²者，势³也；鸷鸟⁴之疾，至于毁折⁵者，节⁶也。是故善战者，其势险⁷，其节短。势如彍弩⁸，节如发机。

——《孙子·势》

完全读懂名句

1. 激水：湍急的水。

2. 漂石：水势强大使得石头"漂起"。

3. 势：动态的力量。用法如"气势""声势"。

4. 鸷鸟：猛禽。

5. 毁折：造成死伤。

6. 节：植物枝叶相连处，动物骨骼相连处，皆称"节"。运用关节，蓄势一击，现代语言称之为"爆发力"。

7. 险：险峻。

8. 彍：音"guō"，开弓，张弩。

语译：湍急的水奔流快速，以至于冲移石头，是由于水的动能；凶猛的鸟迅飞搏击，以至于小鸟死伤，是由于翅膀关节的爆发力。所以，善战者必定据险以蓄势，攻击的纵深短以求速战速决。蓄势有如开弓张弩，瞬间出击有如击发扳机。

势如彍弩，节如发机

兵家诠释

《孙子》这一段的重点在强调发动攻击时的爆发力。

诠释得最好的是李靖，载于《通典》：

用兵有三种"势"：一是气势，三军士气高昂，声如雷霆，志厉青云；二是地势，关隘、深溪，一夫守险，千人不过；三是因势，敌人疏于防备，远来饥渴，水土不服，先头部队尚未扎营，后军渡河至一半。遇到这三种对我方有利的状况，就应乘势取之。

然而，猛禽猎捕、猛兽搏击，都必定会计算自己的力量、速度，然后做雷霆一击，如果距离太远，则气力衰竭而够不到；如果太近，则形迹暴露惊动猎物。一位将领如果不懂个中道理，那么，他的智慧还不及鸟兽，又怎么能取胜于劲敌呢？

实战印证

南北朝时，北魏道武帝拓跋珪攻击柔然，柔然全部一齐北遁，拓跋珪追奔六百里没追到。诸将推张衮为代表，去向拓跋珪说："敌人远遁，我军粮食已吃完，不如早点回头吧！"拓跋珪问诸将："如果杀副马为食物，够不够吃三天？"（鲜卑骑兵每人二马，主马需要休息时，战士骑副马）各部队统计后，结论是"足够"。于是拓跋珪下令加速行军，在赤壁大沙漠的南山下追到敌人，予以痛击，虏获半数人马及牲口。

拓跋珪问诸将："你们明白我之前询问三日军粮的用意了吗？"诸将不知。拓跋珪说："柔然全部北遁，老弱妇孺还带牲口，他们遇到水草时，必定要停下来。我军以轻骑兵追击，

220

估计三天就可以追到。"

拓跋珪这项战术是不是违反了"其势险，其节短"的兵法原则呢？恰恰相反。杀了副马，追不上就会饿死在大漠中，所以北魏军个个快马加鞭，非追上不可，因为速度造就了气势。

名句可以这样用

掌握行动爆发力的诀窍，就在于"激励士气""蓄势待发"，一旦觑到敌方弱点，就能"一击奏效"。

置之死地而后生

名句的诞生

投[1]之亡地[2]然后存,陷[3]之死地[2]然后生。夫众陷于害[4],然后能为[5]胜败。

——《孙子·九地》

完全读懂名句

1. 投:放,置于。

2. 亡地:即死地。《孙子·九地》分析战争中的九种情境,其中第九种为死地,军队处于死地时"疾战则存,不疾战则亡"。

3. 陷:推,使进入。

4. 害:危险。

5. 为:人为。以人为的力量、方法,改变原本的自然结果。

语译:(把军队)放到死地,然后能激发其求生意志,并力杀敌而得生存。("投之亡地然后存""陷之死地然后生"二句对偶,是完全一样的意思)军队一旦陷入危险境地,就能激发斗志,扭转胜败的形势。

名句的故事

吴王阖闾问孙武:"我军远征,进入敌人国境。敌军大队人马杀到,我军被团团包围好几重。想要突围,却四塞不通。要怎样才能激励军队士气,拼死以突围？"

孙武答："先深沟高垒，让敌人以为我军准备坚守（不防备逆袭突围），并且安静勿动，让敌人莫测高深，同时向军队宣告，情况已经非拼命不可。杀牛、砍战车当柴火，犒赏将士；烧尽粮草、填平井灶；消灭所有侥幸与留恋的念头，每个人都磨砺兵器，积蓄气力，拼死一战。然后震鼓呼喊杀出、分道突围，让敌人慑于声威、莫知虚实。以最精锐的部队，一直杀进敌军的后军（不让敌军有整队追击的余裕）。这是误陷死地的求生战法。"吴王再问："那么，如果是我军包围敌军，又该如何？"孙武说："敌军陷入峻山险谷，难以逾越，称之为'穷寇'。攻击陷入死地的穷寇，必须埋伏军队于长草中，留一条路让敌人可以脱出。穷寇一旦出现活命的希望，就会丧失斗志，只想逃命。在这种情境之下攻击它，再多敌军也能将之击败。"

历久弥新说名句

刘邦与项羽在中原对峙，刘邦派韩信领军攻略河北、山东。韩信出井陉，与赵军对决，先派一支部队渡河，背水结阵。赵军个个偷笑，因为那是违背兵法的布阵，遂以为韩信不懂兵法。

翌日，韩信前军与赵军接触后，佯败，朝河边阵地退却。赵军追击，营中军队也奔出，争着捡拾韩信败兵遗落的盔甲、旗帜（回去报功的依据，赵军轻敌，以为战役已经结束）。而河边阵地的汉军因后无退路"身陷死地"，个个拼命作战，赵军无法取胜，于是撤退回营。但是，韩信已经派出奇兵，夺取了赵军营寨，并且拔去赵国旗帜，全部换上汉军红旗。于是赵军军心溃散，大败。韩信召集诸将开检讨会，诸将不懂当初为何要背水结阵，韩信说："列位没听过兵法上'置之死地而后生'这句名言吗？"

名句可以这样用

《孙子兵法》这句名言，因韩信（司马迁《史记》）之语而流传为"置之死地而后生"。相近意思的成语典故，是项羽救巨鹿之围时的"破釜沉舟"——因为不留退路，不得不拼命向前冲。

名句的诞生

（田忌[1]）与王[1]及诸公子逐射[2]千金。乃临质[3]，孙子曰："今以君之下驷[4]与彼上驷，取君上驷与彼中驷，取君中驷与彼下驷。"既驰三辈[5]毕，而田忌一不胜而再胜，卒得王千金。

——《史记·孙子吴起列传》

完全读懂名句

1. 王：齐威王。田忌：齐国大将。

2. 逐：赛马。射：音"shí"，赌注。

3. 质：对。临质：上场对决。

4. 驷：驾车的马。上驷、中驷、下驷分指跑得最快、中等、最慢的马。

5. 驰：奔。三辈：三回合。

语译：田忌与齐威王和贵族们赌赛马，赌注千金。临对决前，孙膑向田忌献策："用阁下的下驷对对方的上驷，上驷对中驷，中驷对下驷。"赛完三回合，田忌败了第一场，胜了随后两场，赢到齐王千金赌资。

名句的故事

孙膑是孙武的后代，司马迁将他的故事并入《史记·孙子吴起列传》，他的兵法则称为"齐孙子"，因为孙膑的事功都是在齐国建立的。

孙膑原本与庞涓同在鬼谷子门下学兵法，庞涓学成下山，得到魏惠王赏识担任大将。心想"世上只有孙膑可以与我匹敌"，于是将孙膑诓至大梁，设计陷害之，斩断他的双足（膑刑）。

孙膑偷偷见到齐国使者，使者发现孙膑胸中藏有韬略，就将他夹带在使节团车中，回到齐国。齐国大将田忌赏识孙膑，用他为高级参谋，本文故事是孙膑在赛马场上"牛刀小试"，展现才华。田忌将孙膑推荐给齐威王，齐威王与孙膑谈论兵法的对话，就是《齐孙子》。孙膑成为齐国军师，两度击败魏军，并杀死庞涓，报了大仇。

实战印证

唐太宗有一次对诸将说："我之所以能经略四方，所向必胜，有一个秘诀。每次临敌对阵，都先详察敌阵强弱，然后调度我军，以我之弱，当敌之强；以我之强，当敌之弱。对方强、我方弱的那一面，因为早有准备，即使受挫后退，不过数百步。我方强、敌方弱的那一面，必定另出奇兵，腹背夹击，敌方无不溃败。"

这就是孙膑"以下驷对上驷"战术的活用。而"下驷对上驷"的作用，就是牵制敌方主力，其要领是力战苦战，绝不退却，更切忌贪功浪战，否则万一牵制军溃阵，会使全军大败。

唐武宗时，素不听朝廷节制的昭义节度使刘从谏病故，侄子刘稹秘不发丧，胁迫监军（宦官）崔士康奏报："刘从谏病重，请任命他的侄儿刘稹担任留后（代理节度使）。"宰相李德裕一力主张采取强硬立场，派出宦官前往"探病"，刘稹拒绝接受诏书，于是中央朝廷发动三路军队征剿。

战争进行中，前线报来："叛军擅长'偷兵术'，灵活运用兵力，集中力量攻击官军某一处（弱点），所以时常失利。建议被攻击的官军不轻易交战，对方最多停留三天，就会转换。屡次扑空，士气自然低落。"

昭义军用的是"以上驷对下驷"优势取胜；官军坚守不出战，就成了"以下驷牵制上驷"。

名句可以这样用

成功牵制敌方主力，就能以强击弱、"避实击虚""各个击破"；反之若我方主力被牵制，就"进退失据"了。

无穷如天地，不竭如江河

善出奇[1]者，无穷如天地，不竭如江河。终而复始，日月是也；死而复生[2]，四时[3]是也。

——《孙子·势》

完全读懂名句

1. 出奇：运用奇兵。

2. 死而复生：以生死比喻"逝去了又再来"。

3. 四时：春夏秋冬。

语译：善于运用奇兵的将领，变化像天地一样无穷，像江河那样不枯竭，如日月升落般周而复始，如四季般逝去了又再来。

兵家诠释

张居正：用兵若不能出奇，或能出奇却不能随状况的变化而变化（善出奇），就"有穷"，就不能比拟天地、江河、日月、四时。必须奇中有正、正中有奇，随时变化，乃不可胜穷，也可以跟天地四时比拟了。

李贽：没有正兵，也就无所谓奇兵；没有奇兵，亦无所谓正兵（无正不成奇，无奇不成正）。因此奇正相生，且又奇正合一，变化无穷。

实战印证

战国时，田单复齐的关键一战。搜集即墨城内一千余头牛，在牛身上披布，布上画五彩龙纹，牛角上绑利刃，牛尾上束芦苇，芦苇上灌油脂。并在城墙上预先凿好数十个穴洞，夜里，点火烧牛尾上的火炬，牛被火烧屁股，惊恐狂奔，火牛阵的后面，尾随壮士五千人。燕军遭到夜袭，火光中只见龙纹怪兽，触之非死即伤，大骇，败走。

东汉零城（广西）太守杨璇受命征剿苍梧、桂阳一带的土匪。贼众人数比官兵多，杨璇"特制"马车数十辆，车上以开口布囊盛装石灰，并在马尾上系油布。临敌对阵时，点火燃布，马惊狂奔，顺风鼓灰，贼众被石灰弄得睁不开眼睛。杨璇在火马阵之后布置兵车数十乘，车上载弓弩手，乱箭齐发。火马阵冲垮了土匪阵地，伤斩无数，境内土匪被肃清。

北宋时，晏州（四川）夷酋卜漏造反。朝廷派兵部尚书赵遹前往负责征剿。赵遹到了晏州，发现卜漏的山寨地势险峻，森林茂密，上山道路又布设坑，所以官兵屡次进攻都徒劳而返。赵遹花了一些时间考察当地地形，发现山寨后方的悬崖峭壁，贼人恃险不设防，而该山区林中有很多猱（音"náo"，一种猿猴），乃下令士兵捕捉了数千头猱。将麻秆束成火炬，灌上油、蜡，绑在猱背上。布置妥当后，自己率正兵攻坚，从早上攻到太阳下山都不休息，天黑后，命奇兵以绳梯援峭壁而上，每一兵背一头猱，接近山顶时，点火燃炬，猱因着火而发狂，直往山寨中窜。没多久，山寨处处着火，官兵由正面道路加紧进攻，于是生擒卜漏，剿灭土匪。

火牛、火马、火猱都是奇兵，也都是利用动物进行火攻，也都是利用现有资源予以变化，而非拘泥"古法"。能够因地、因势制宜，才称得上"善出奇"。

名句可以这样用

　　武将在战场上必须"出奇制胜"，最忌"招数用老"，被人"看破手脚"；文人做文章同样不宜"师人故技"，否则便"了无新意"。

名句的诞生

兵形象水[1]，水之形，避高而趋下；兵之形，避实而击虚。水因[2]地而制[3]流，兵因敌而制[3]胜。故兵无常势，水无常形；能因敌变化而取胜者，谓之神[4]。

——《孙子·虚实》

完全读懂名句

1. 象：作动词用法。象水：如水之象。

2. 因：因应。

3. 制：决定方向、方针。

4. 神：变化无穷，如有神通。

语译：战场用兵要取象于水。水的规律是避开高处而向下奔流，用兵的规律是避开敌方的坚实之处而攻击虚弱之处。水随着地形而决定流向，战术视敌情而决定取胜方针。所以说，用兵没有固定不变的形势，正如流水没有固定不变的形态；将领能够视敌情变化而取胜，方可以称为"用兵如神"。

兵家诠释

　　王晳：用兵有常理，而无常势；水有常性，而无常形。所谓有常理，就是"击虚"，攻击敌方弱点；无常势，就是视敌情而变化。所谓有常性，就

兵形象水，兵无常势，水无常形

231

是"向下流"；无常形，就是随地形而变化。用兵能视状况而变化，则虽败军之卒，尚可反败为胜，何况精锐之师。

曹操：势盛极则转衰，形露（战术被识破）则必败。将领能够掌握敌情变化与攻击时机，则称得上用兵如神。

杜牧：水的形状因地而变，故无常形；战术运用因敌而变，故无常势。

实战印证

武则天称帝，徐敬业造反，政府军由李孝逸领军往剿。诸将主张先与徐敬业的主力部队决战，魏元忠建议先攻徐敬猷，说："徐敬猷是个赌徒，不懂军事，不会带兵，他的部队必定纪律不严，军心涣散。我们以大军压迫他，必然崩溃。徐敬业救援不及，我军乘胜扩大突破口，谁也挡不住！"李孝逸采纳这项战术建议，进击徐敬猷，徐敬猷脱身而走，军队溃败。这是"避实而击虚"的方法。

元世祖忽必烈灭南宋之战，元将张弘范追逐南宋少帝赵昺至山（广东新会）海边，诸将主张用炮轰船，张弘范说："炮一轰，船队就散了，不如进行海战。"于是在三面布下船队，先派一面乘潮水进攻，不胜，顺潮水而退。随之命乐队奏乐，宋军以为元军将休息，防备稍稍松懈。张弘范本人率领主力战舰，船队悄悄靠近宋军，将士伏在舟中，下令"听到金声（正常是鸣金收兵）就起身战，未闻金声而妄动者斩"。

宋军见元军船只逼近，飞矢密集射去，伏在舟中的元军，盾牌上如刺猬一般，人却纹风不动。宋军见无动静，停止射箭，俄顷，听到金声，以为元军将撤退，于是卸甲休息。孰料，一时火炮、弩箭齐发，顷刻间损失七艘船，宋军大溃，陆秀夫背着赵昺跳海而死，宋亡。"鸣金出战"则成了"兵无常势"的最佳诠释。

名句可以这样用

文武事之原理其实可以相通，娴熟阵法可以因敌制胜"用兵如神"，娴熟典故则可以"信手拈来"，下笔千言"如有神助"。

攻其无备，出其不意

名句的诞生

利而诱之，乱而取[1]之，实而备之，强而避之，怒[2]而挠[3]之，卑[4]而骄之，佚而劳之，亲而离[5]之。攻其无备，出其不意[6]。此兵家之胜，不可先传[7]也。

——《孙子·计》

完全读懂名句

1. 取：用法如攻取、取胜，都有"得之容易"的意味。

2. 怒：将领易怒。

3. 挠：屈辱。

4. 卑：低姿态。

5. 亲：(上下、君臣)和睦。离：离间。

6. 出：出击。不意：意料之外。

7. 先传：一解为"泄露"，一解为"先说"，皆通。

语译：示敌以小利引诱他，趁敌之乱攻取他，敌军坚实则必须防备他，敌军气势强则权且回避他，敌将易怒就羞辱他，敌将骄傲就采低姿态(助长其骄气)，敌人安逸就设法劳累他，敌人团结就离间他。攻击敌人，一定对准他防备松懈之处，或意料之外的时机。这是兵家取胜的秘诀，是不能事前先说的。

兵家诠释

《六韬》：行动出神入化就在于让敌人完全料想不到，最厉害的谋略让敌人完全看不懂。

《百战奇略》：两军交战之际，正兵制造声势于敌阵前方，奇兵掩袭敌阵后方；正兵冲击东面，奇兵突击西面。总之，让敌人不晓得在哪里防备才好，这是"攻其无备"的最高境界。

实战印证

三国时期，曹操征乌桓（东胡，契丹人远祖），谋士郭嘉说："胡人认为我们距离远，平时必定不戒备。我们应该利用这一点，快速突击，就可消灭他。"大军行至易水（在河北），郭嘉再建议："兵贵神速。如今我们行军千里突击敌人，如果辎重太多，行动就很难迅速。不如以轻装部队，走敌人想不到的路径，打他个措手不及。"曹操采纳他的意见，大军穿越卢龙塞（河北通内蒙古的一道长堑，地形险狭），直指单于王庭。乌桓仓促应战，曹操大破之。

乌桓没有防备曹操来攻，而且来得如此快速，且经由一条乌桓认为曹操不会走的险路，正是"攻其无备，出其不意"的最佳印证。

楚汉相争时，项羽最信任的谋士是范增，刘邦的谋士陈平想出一计：项羽的使者到来，先以"太牢"（牛羊猪三牲，最高级餐点）招待他。然后假装弄错，说："我还以为是范增的使者，原来你是项王的使者啊！"当场撤去太牢，换上次等饮食。使者回去，报告（想必加油添醋）项羽，于是范增被项羽疏远，后来就离开了项羽军中。从此，项羽失误连连，一再坠入刘邦的计谋中，终至失败。这是"怒而挠之"加上"亲而离之"的结果。

春秋时，楚国攻打庸国，连败七阵，庸国国君说："楚军不够看啦！"楚王乃分兵（一正一奇）展开决战，灭庸国。此乃"卑而骄之"的活用示范。

名句可以这样用

"攻其无备，出其不意"就是打敌人一个"措手不及"，最好是"一鼓而下""不费斗粮"，而其必要条件则是"兵贵神速"，而且行动隐秘"衔枚疾走"。

名句的诞生

鸷鸟[1]将击，卑[2]飞敛翼；猛兽将搏[3]，弭耳俯伏[4]；圣人[5]将动，必有愚色[6]。

——《六韬·发启》

完全读懂名句

1. 鸷鸟：猛禽。

2. 卑：低。

3. 搏：击。

4. 弭耳：帖耳。弭耳俯伏：顺服貌。

5. 圣人：智慧至高之人。

6. 愚色：看起来很笨。

语译：猛禽将要下击，必先低飞并收敛翅膀（不惊动猎物）；猛兽将要搏，必先帖耳俯伏（减低对手戒心）；智慧极高的将领将要采取行动，必先表现出笨拙的样子。

名句的故事

　　姜太公对周文王说"灭殷取天下"之道，其中论及"观察敌情"的方法：必见其阳，又见其阴，乃知其心；必见其外，又见其内，乃知其意；必见其疏（远），又见其亲（近），乃知其情。接下来就是本文"己方应隐藏企图心"，然后提出姜太公对殷政的观察：民间流言纷纷、人心不安；纣王却仍好色无节制，这是亡国的征兆。观察他的田野，野草盖过了作物；观察他的政府，奸邪凌驾了正直；观察他的法吏，败法乱刑。所有这些状况，殷朝上下却毫无知觉。结论是：殷朝到了该亡国的时候了。

同样以鸟兽行为来比喻用兵，《李卫公问对》有一段：鸷鸟要攫取猎物，猛兽要奋力一搏之前，必定都会精确估量距离和自己的力道，太远则气力衰竭而够不到，太近则行迹暴露而抓不到（猎物吓跑了）。

实战印证

汉高祖刘邦亲征匈奴，匈奴一连败走多次，刘邦进军到晋阳（在山西），探知匈奴冒顿单于驻在代谷，派间谍去窥伺。冒顿故意将壮士大马藏起来，汉军间谍只看到老弱及病畜，十几批间谍都回报："匈奴可以攻打。"刘邦仍不放心，再派娄敬为使者去观察敌情，娄敬还报："两国交战，理应相互夸示兵力，但是我这次前去，却只见老弱残兵，这是故意给我看衰弱的一面，必定埋伏了精兵，我认为匈奴不可击。"刘邦不听，结果中伏被围困在白登，差点回不来。

冒顿用的是本句兵法格言，娄敬识破了敌方伪装，可是刘邦不听，活该吃败仗！

五胡乱华的前期，后赵石勒算计东晋幽州刺史王浚，以厚礼献给王浚与王浚的妻妾，甚至表示愿意支持王浚称帝。等到王浚完全相信石勒的"忠心"，石勒带兵前往幽州，而王浚则处决了好几位进谏"石勒居心不轨"的部下。石勒抵达幽州城门，释出"进贡"的数千头牛羊，阻塞城内要道（截断人马调

238

动），然后挥军入宫，生擒王浚。

这是石勒后来统一北方最重要的一次军事行动，他完全做到"弭耳俯伏"，而王浚则完全不懂"必见其阳，又见其阴，乃知其心"的真谛。

名句可以这样用

古时候战败者投降谢罪，用泥土涂在脸上、双手反缚于背，成语是"泥首面缚"；低头含辱，系绳于颈是"俯首系颈"；若没有"自缚"的动作，就要小心可能只是"弭耳俯伏"，预备发动突击。

能以上智为间者，必成大功

名句的诞生

昔殷[1]之兴也，伊挚[2]在夏；周之兴也，吕牙[3]在殷。故惟[4]明君贤将能以上智为间者，必成大功。此兵之要[5]，三军之所恃[6]而动也。

——《孙子·用间》

完全读懂名句

1. 殷：商朝。始祖契受夏朝之封，在商立国。后来传到盘庚，迁至殷。

2. 伊挚：伊尹本名挚，辅佐汤，伐桀，灭夏，立商。

3. 吕牙：姜子牙本名吕尚。辅佐周文王、武王、伐纣，灭殷，立周。

4. 惟：只有。

5. 要：重点。本文为《孙子兵法》全书最后一段，故此处说"兵之要"，当是"最重要"的意思。

6. 恃：依靠，倚仗。

语译：从前，商朝兴起靠伊尹，而伊尹是夏朝的臣民；周朝兴起靠姜太公吕尚，而吕尚是殷朝的臣民。所以，只有明君贤将当中，能用高级人才为间谍（提供敌国情报）的，必能成大功（若无人才为间，虽明君贤将，成就仍有限）。这是兵法最重要的一点，三军的行动完全依靠他（了解敌情的高级人才）啊！

名句的故事

伊挚仰慕商汤，却不得其门而入。于是先去当有莘氏的臣子，有莘氏将女儿嫁给汤，伊挚跟着陪嫁过去，担任厨师。借着烹食的机会，以调理食物为喻，游说商汤，对汤讲有关"素王及九主"（说法不一，总之是古代圣王）的事迹，商汤将国事托付给他。伊挚曾经去夏朝求仕，但却看不惯夏桀荒淫无道，于是投向商朝。"尹"是正的意思，后人推崇他以正道辅佐商汤，称之为伊尹。

吕尚，本姓姜，字子牙，因先世封于吕，亦称吕尚。曾经臣事于殷纣王，见纣王无道，辞官，在渭水滨钓鱼为生。周文王出猎，遇见吕尚，相谈之下，大为高兴，说："我的父亲周太公曾经告诉我，将来会有圣人帮助周国兴起，莫非就是先生您吗？我家太公盼望已久。"因而称之为"太公望"。所以，吕尚的代称包括：姜太公、姜尚、吕尚、吕牙等。

伊尹和姜太公并非商、周派去的间谍，但都是"了解敌国国情的高级人才"。

《孙子兵法》的字面意思是"得到敌国高级人才为第一要务"，潜藏的意思则是"高级人才为敌所用是最大的失误"。

实战印证

春秋时，晋楚争霸，晋厉公与楚共王亲自领军，对阵于鄢陵（在河南）。双方各有一位来自敌国的大臣，也都随侍在国君的身后。晋国大夫伯宗死于政治斗争，儿子伯州犁逃到楚国，官居太宰；楚国令尹斗越椒谋反被杀，儿子斗贲皇逃到晋国，被封在"苗"，自此改称苗贲皇（据传是苗姓祖先）。两人分别详析对方（本国）的实力、用兵习惯（风格），乃至侍卫姓名。

一场几乎透明（知彼知己）的战争，且都符合本句格言，可惜只能有一方胜、一方败（最后晋胜楚败）。

名句可以这样用

苗贲皇的故事是成语"楚材晋用"的典故，应用这句成语时不必拘泥"晋楚"两字，硬套"×材×用"反见器小。

名句的诞生

三军之事，莫亲[1]于间[2]，赏莫厚[3]于间，事莫密于间。非圣[4]智不能用间，非仁义不能使间，非微[5]妙不能得间之实。微[5]哉微哉，无所不用间也。

——《孙子·用间》

完全读懂名句

1. 亲：亲力。主将亲自掌握，不假外人。

2. 间：间谍。情报战。

3. 厚：厚利重禄。

4. 圣：至尊，至高。

5. 微：精细，精密，精巧。

语译：关于战争的事情，没有比间谍战更需要主将亲自掌握的了，奖赏没有比间谍更厚重的了，任务没有比间谍更应保密的了。不是至高智慧，不能运用间谍；不存仁义之心，不能指使间谍；不具精密思考，不能判断情报的真实性。间谍战真是精细微妙啊，没有一处可以忽略间谍战。

兵家诠释

《将苑》：上乱下离（领导阶层昏乱，臣子离心）就有运用间谍的空间了。间谍运用成功，则敌国内部产生嫌隙，有了嫌隙就可以将他（非主流）挖角过来，然后发动攻击，必定可以战胜。先进行间谍战以削弱敌方实力，然后才采取军事行动。

梅尧臣：运用间谍必须察知真伪，且要辨别邪正，所以"非圣智不能用间"。

陈皞：主将以仁结恩，以义制宜，间谍才会尽心，甚至不计自身安危，所以"非仁义不能使间"。

杜牧：间谍很有可能只是贪图财禄，探听不到敌人的真实情报，而以虚辞或假情报敷衍。这就必须有精密的思考来分析情报的真伪，所以"非微妙不能得间之实"。

实战印证

《三国演义》赤壁大战之前，"周瑜打黄盖"演出苦肉计，曹操派去东吴卧底的间谍蔡中、蔡和将情况报回。然后阚泽送黄盖的"降书"去到曹营，曹操乃信以为真。因而黄盖能以"阵前起义"的姿态，率满载薪材、油脂的船队，一路开进曹军舰队，完成火攻任务，立下赤壁大战的第一大功。

黄盖甘愿挨打（皮开肉绽，鲜血迸流），显示周瑜"仁义而能使间"；周瑜识破蔡氏兄弟是间谍却不杀，留着好进行"反间计"，称得上"圣智而能用间"。

曹操秉性多疑，却因情报分析失准，而误信黄盖诈降，相对而言，诸葛亮看懂了"一个愿打，一个愿挨"，才是"微妙而能得间之实"。

名句可以这样用

　　成语"以管窥天"，比喻目光短浅，视界不广，另一成语"管中窥豹"，以管中所见仅"一斑"，比喻所见局于一隅。然而，情报战不可能得见"全豹"，所以情报战的特质就是要"以一斑推知全豹"。

　　"管中窥豹"可以作为正面形容，对于所见孤陋者，用"坐井观天"形容可也。

目贵明，耳贵聪，心贵智

名句的诞生

目贵明，耳贵聪[1]，心贵智[2]。以天下之目[3]视，则无不见也；以天下之耳听，则无不闻也；以天下之心虑[4]，则无不知也。辐辏[5]并进，则明不蔽矣。

——《六韬·大礼》

完全读懂名句

1. 聪：听觉灵敏。

2. 智：思维敏捷。

3. 天下之目：以天下人的眼睛来观察。与"天下之耳""天下之心"都是"情报来源丰富"的意思。

4. 虑：思考。

5. 辐：车轮中的直木。辐辏：车轮直木向轮心集中，比喻人、车马、舟船聚集一处的现象。

语译：眼睛贵在明辨事物，耳朵贵在听觉灵敏，心思贵在思维敏捷。（若能）用天下人的眼睛观察事物，就能无所不见；用天下人的耳朵探听消息，就能无所不闻；用天下人的心智思考问题，就能无所不知。情报来源丰富，像辐辏一样向领导中心集中，（君主）就能明察一切而不受蒙蔽了。

兵家诠释

本文是周文王问"主明"（国君如何明察），姜太公的回答。

《鬼谷子》书中有几乎相同的文字，同时更具体引申：用赏贵信，用刑贵正，而信赏必罚的前提是"一定要以耳目所见闻为验证"。所以，人主不可不周（周全，消息灵通，思虑周密），人主若不周，群臣就会"生乱"。而国君要做到明察，有三件工具：长目（看到千里之外）、飞耳（听到千里之外）、树明（明察秋毫）。

《将苑》：为将者必有腹心、耳目、爪牙。善将者必有博闻多智者为腹心，沉审谨密者为耳目，勇悍善敌者为爪牙。

"以天下人为耳目"只是大道理，实际上难以做到，但良将一定要用到好的幕僚，建立好的情报网，训练精锐的部队，这是起码的标准。

实战印证

《三国演义》孔明"七擒七纵"蛮王孟获的故事：第一次赵云、魏延以酒食款待生擒之蛮兵，探知路径，孔明又于山谷设伏，生擒孟获，这是耳聪目明、善用地形；第二次用计让孟获误以为董荼那（三洞元帅之一）通敌，诸酋长叛变，擒孟获献给孔明，这是孟获"不明"；第三次孔明识破孟优诈降之计，加以利用，孟获中伏被擒，这是"目明"兼"心智"；第四次孔明弃三寨以诱孟获至先前设定好的决战地点，又中伏被擒，这是知地利；第五次得孟节之助，得解瘴气、毒泉之害，又得杨锋父子之助，生擒孟获，这是"得天下之助"；第六次

247

用"喷火巨兽"破蛮族猛兽兵团,这是情报灵通,南征前就早有准备;第七次遇到藤甲兵,孔明亲自遍观地理,在盘蛇谷设伏,火烧藤甲兵,又擒孟获。

孔明充分做到"耳聪、目明、心智",换得一句"鬼神莫测"的叹服,堪称"用兵如神"的经典之作。

名句可以这样用

情报灵通则"知彼知己",情报不灵通则"草木皆兵";情报解读正确则"料敌如神",情报判读错误则"贻误戎机"。

名句的诞生

揣情[1]者，必以其[2]甚喜之时，往而极[3]其欲也，其有欲也，不能隐其情；必以其甚惧之时，往而极其恶[4]也，其有恶也，不能隐其情。

——《鬼谷子·揣》

完全读懂名句

1. 揣：猜测，推估。情：内心。

2. 其：指揣摩的对象。

3. 极：增强。

4. 恶：厌恶，害怕。

语译：要想揣度对方的心意，就要在对方非常喜悦的时候，去增强他的欲望，当他有欲望的时候，就不能隐藏他的内心；又要在对方非常恐惧（担忧）的时候，去增强他的害怕，当他忧心忡忡的时候，也不能隐藏他的内心。

名句的故事

春秋时，孟尝君担任齐国宰相，齐王的王后死了，必须立一位新的王后。孟尝君想要揣摩齐王的心思，他的门客给他出了一个"进玉察姬"之计：孟尝君献给齐王十块玉珥（玉的耳饰），其中有一块玉珥特别名贵且漂亮。

翌日，他入宫晋见齐王，暗中观

察到，那一块最名贵的玉珥戴在某一位齐王爱姬的耳朵上。于是孟尝君进言，立那一位爱姬为后，齐王当然龙心大悦，新王后也感谢孟尝君。内宫有王后支持，孟尝君主持外廷、推展国政就更顺手了。这是"其有欲也，不能隐其情"。

楚庄王要进攻陈国，派出间谍前往侦察，间谍回报"陈不可伐"，理由是"陈国城高沟深，且粮食储备充足"。楚庄王听了这情报，反而说"陈可伐也"，理由是"像陈这样的小国，兵粮储备那么多，必定由于赋敛苛重，因而老百姓对国君必定怨恨；再加上城高沟深，必定操劳百姓过度，陈国已是个民疲兵困的国家"。果然，楚军一战而胜，灭了陈国。

《鬼谷子》在《揣》篇之后，接着《摩》篇，也就是情报必须得到正确的解读，才不会决策错误。间谍报回来的是纯军事情报，而楚庄王加入了政略的思考予以解读。

历久弥新说名句

韩非的著作《韩非子》中，有一套"察奸术"教君王如何洞察臣子的内心。一为观听，也就是"听其言，观其行"，耳朵听到的，必须经过眼睛加以确认，但即使如此仍有"偏听"之虞；二为一听，也就是"一个一个听"，这个方法可以听到各种不同立场、角度的意见；三为挟智，也就是"将智慧挟在腋下，就是要装糊涂"，如此可以松懈臣子的戒心，让奸邪之徒露出原形；四为倒言，也就是"说反话"，看臣下能不能坚定立场，还是会见风转舵；五为反察，从相反的立场寻找动机。韩非这一套方法，相较于鬼谷子的"揣情"更为具体实用。

名句可以这样用

　　人在高兴时会"笑逐颜开"，得意时会"踌躇满志"，惊慌时会"屏营彷徨"，恐惧时会"肝胆俱裂"，不安时会"坐立不安"，忧虑时会"五内如焚"，这些都是人最脆弱的时候，很难掩饰其内心。

去大恶不顾小义

名句的诞生

臣[1]与俭[2]比肩[3]事主[4]，料俭说[5]必不能柔服[6]，故臣因[7]纵兵[8]击之，所以去大恶不顾小义也。人谓以俭为死间[9]，非臣之心。

——《李卫公问对·中》

完全读懂名句

1. 臣：李靖自称。

2. 俭：唐俭。

3. 比肩：同事。朋友亦称"比肩为友"。

4. 主：皇帝。当时皇帝为唐太宗。

5. 说：音"shuì"，游说之辞。

6. 柔：和平手段。

7. 因：趁机。

8. 纵兵：发动攻击。

9. 死间：派出传递假情报以误导敌人，不计个人生死。

语译：我和唐俭一同为陛下做事，我料想唐俭的游说，必定不能让突厥放下武器归顺，所以趁着对方（因和谈）松懈的机会，发动攻击。这是为了去除国家的大恶而无法顾及同事间的小义。有人说我把唐俭当作死间（出卖朋友而建立自己的功劳），那不是我的真正心意。

名句的故事

唐太宗派出四路大军，分道出击突厥，突厥颉利可汗派使者向唐太宗谢罪，请求投降，并表示自己愿意"入朝以示效忠"。太宗派唐俭去慰抚颉利可汗（"抚"就是招降），同时诏知李靖"颉利表面上措辞谦卑，其实内心还在犹豫，请降只是缓兵之计，等到草青马肥（当时是农历二月，马无草食），他肯定会遁回漠北"，命令李靖出兵攻击。

李靖出塞千里，打颉利一个措手不及，建立功勋封卫国公；唐俭也未被杀，封莒国公。唐太宗与李靖对谈兵法时，讨论"死间"而提及此事，李靖乘机为自己辩白。事实上，命令是唐太宗下的，当然不会归责于李靖。

历久弥新说名句

汉高祖刘邦派辩士郦食其去游说齐王田广归顺，同时派韩信引兵向东，对齐国施加压力。韩信大军进至平原（在山东），听说郦食其已经游说成功，齐王田广愿意归顺，就准备停止进军。帐下谋士蒯彻对韩信说："将军受汉王之命攻击齐国，汉王又另外派间谍出使齐国（蒯彻措辞用心良苦，一口咬定郦食其是刘邦派去的"死间"，消除韩信的内疚），难道有诏命教将军停止吗？怎么可以自作主张不前进了呢？更何况，那个姓郦的书生，只凭三寸不烂之舌，就让齐国七十余城投降，相较于将军攻打赵国，一年多才攻下五十余城，难道将军你还不如一个文弱书生吗？"（蒯彻露出真面目，以郦食其为"死间"。）

韩信采纳蒯彻之言，渡河攻击齐国。齐王田广原本以为和谈已经成立，就不再戒备汉军，等到韩信大军压境，直逼齐国都城临淄，才发觉中计，烹杀郦食其！

名句可以这样用

"两国相战，不斩来使"是国际外交的不成文法，然而，谈判不代表和平，甚至不意味"和平的诚意"。

如果天真地"全盘接收"对方的表面善意，就难免于"珍珠港事变"之类的挫折。因为，侵略者永远可以振振有词地说出"除大恶不顾小义"这样的名言。

名句的诞生

计谋之用，公[1]不如私[2]，私不如结[3]；结而无隙[4]者也。正不如奇，奇，流而不止者也。故说人主[5]者，必与之言奇；说人臣[6]者，必与之言私。

——《鬼谷子·谋》

完全读懂名句

1. 公：公开。

2. 私：私下。

3. 结：缔，紧密结合。

4. 隙：漏。

5. 人主：国君。人臣：臣子。

语译：计谋的运用，公开运用不如私下活动，私下活动不如结党密谋，"结"就是紧密结合没有隙漏。计谋的运用，以兵法譬喻是"正不如奇"（兵法讲求奇正相生，交互运用，运用计谋则偏重出奇制胜），"奇"乃得以计出不穷，如水流之不止。所以，游说国君（老板）就要对他谈奇策（正面论述听多了）；游说臣子（薪劳）就要跟他谈私情。

名句的故事

战国时，大商人吕不韦在赵国首都看到秦国的人质子楚，认为"奇货可居"。于是去对子楚说："秦王老了，太子安国君将继承王位。安国君最宠爱华阳夫人，可是华阳夫人没有儿子，若能令华阳夫人指定你为嫡嗣，将来就是太子，就能继承王位了。"子楚于是和吕不韦结为同盟，吕不韦拿出五百两黄金作为子楚的公关费用，走门路得以献珍宝给华阳夫人，讨得欢心。吕不韦又买通华阳夫人的姊姊，劝华阳夫人收子楚为嫡嗣。安国君听从华阳夫人的意见，立子楚为嗣，并聘请吕不韦担任子楚的师傅。

果然，秦昭襄王死后，安国君继立为孝文王，却只做了一年秦王就死了，子楚继位成为庄襄王，华阳夫人成为太后，吕不韦成为秦国丞相。但庄襄王也只做了三年就死，太子继立，就是后来的秦始皇。

重点在于，吕不韦说服子楚是"言奇"（子楚做梦也没想过会当秦王），说服华阳夫人则是"言私"（色衰而爱弛，为身后打算）。

实战印证

孔子周游列国，一度受困于"陈蔡之间"（今河南南方一带），楚昭王听说，就派人去聘请孔子。陈国和蔡国的大夫们私下谈论："孔子刺讥诸侯，往往切中要点。他在陈蔡一带停留了三年，咱们的行政想必都不合他的意。楚国是大国，如果孔子获得楚国重用，咱们都危险了。"于是发动徒众，处处阻挠孔子，让孔子师徒一行缺粮、生病，去不成楚国。孔子派子贡去楚国报告情况，楚昭王派出大军迎接，孔子才脱困到达楚国。楚昭王有意封七百里土地与人民给孔子，楚国的令尹子西对昭王说："大王的外交人才都不及子贡，教育人才都不及颜回，将领人才都不及子路，行政人才都不及宰予。当年周文王只有百里之地，我们楚国祖先只有五十里之地，如今若孔丘有七百里，肯定不是楚国之福。"于是孔子乃不得志于楚。孔子周游列国，以仁义游说诸侯，"言正"而非"言奇"，尤其不与各国大夫"言私"，因此到处受到抵制。

名句可以这样用

成语"结党营私"就是出自这个典故，事实上，外交、军事都是内政的延长，想要"出将入相"，就得将"奇正相生"活用到政治上。

能而示之不能，用而示之不用

名句的诞生

兵[1]者，诡道[2]也。故能而示之不能[3]，用而示之不用[4]，近而示之远，远而示之近。

——《孙子·计》

完全读懂名句

1. 兵：战争。

2. 诡道：以诡诈为道。

3. 能、不能：有能力、没有能力。

4. 用、不用：要行动、不行动。

语译：战争以诡诈为道，所以，有能力打，就让敌人以为我没有能力打；要采取行动，就让敌人以为我没有行动；目标在近处，让敌人以为我目标在远处；目标在远处，让敌人以为我目标在近处。

兵家诠释

张预：用兵虽本于仁义，但是取胜必经由诡诈。所以，我实强而示敌以弱，实勇而示敌以怯，欲战而示之退，欲速而示之缓。

王：行诡诈是为了求胜，但是领导军队还是要靠诚信。

杜牧：敌人看见我方有行动，就会有所反应。若我方的行动计划都被敌人知晓，则肯定没有利，所以，一定要用尽方法让敌人做出错误的判断，因而采取错误的对应行动，于是我方才有隙可乘。

实战印证

楚汉相争时，韩信大军向东掠取齐国，齐王田广与楚将龙且联军与韩信对抗，双方隔潍水列阵。韩信派人制作了一万多个沙包，趁夜间到潍水上游，堵塞河道。天明，率军渡过半干的河床，龙且反击，韩信诈败，撤退回己方岸上。龙且说："我早就知道韩信是个胆小鬼。"率军追击，韩信下令决开堵塞河道的沙袋，大水断了龙且的退路，渡河楚军成为瓮中之鳖，龙且战死，韩信攻下齐地。韩信能而示之不能，龙且中计。

韩信另一场著名战役：魏王魏豹背叛刘邦、投向项羽，韩信领兵攻击魏豹。魏豹在蒲坂（山西）驻守，派人扼守重要渡口临晋（在蒲坂之西）。韩信在临晋排列船队，让魏豹以为汉军要从临晋渡河，伏兵却从夏阳（蒲坂之东，较远）以木罂（空的陶器上载木排）渡河，袭取安邑。两面夹击，俘虏魏豹。此乃远而示之近。

东汉班超经略西域，莎车国王不服，班超率领于阗等联军二万五千人攻打莎车，龟兹国王则派出五万援军帮助莎车。班超对联军各路将领说："于阗军往东移动，其他军队往西移动，趁夜行动，声响弄得大些，听我指令移动回来。"龟兹王得报大喜，派八千人往东追击于阗，自己领一万人往西迎击班超。班超探知龟兹军队已动，连夜追回各路人马，集中兵力攻向莎车，杀敌五千多人，莎车归顺，龟兹撤军，班超威震西域。这是用而示之不用。

春秋时，吴国与楚国为世仇。楚大吴小，伍子胥建议吴王阖闾："我们应建立三个军团，轮番骚扰楚国，我一军出，楚三军来，我即撤军。等楚军疲倦撤军，我再出一军，如此周而复始，楚军不胜其扰，我军看准时机，大举进攻，必能击败楚国。"阖闾采纳此计，吴军终于攻进楚国郢都。这让敌人完全摸不透我方的意图，防不胜防。

名句可以这样用

　　一言以蔽之"兵不厌诈"。

名句的诞生

孰谓妇人柔弱？一颦[1]一笑，犹胜百万甲兵。……色[2]必有宠，宠必进谗，谗进必危国。然天下之失[3]，非由美色，实由美色之好[4]也。

——张居正，《权谋残卷·美色》

完全读懂名句

1. 颦：攒起眉头。

2. 色：美色。

3. 天下之失：失去天下之原因。

4. 好：音"hào"，动词，喜爱。

语译：谁说女性柔弱（不能上阵杀敌）？美女一皱眉头、一个笑容，有时候还胜过百万带甲勇士。……美色一定会受到宠信，宠信（宠姬或宠臣）一定会进谗，谗言一旦被君主听进去，一定会危害国家。然而，失去天下的原因，并不是美色本身，其实是由于（君主）对美色的喜爱。

名句的故事

中国历史上第一个，也是最成功的"美人计"，当属西施。越王勾践用尽方法向吴王夫差表示顺服，送去大量的越国美女，包括西施。夫差迷上了西施，为她建了一座"馆娃宫"，日夜笙歌。西施花了十年工夫，才弄到一张姑苏城防地图，奈何宫禁森严，送不出去。苦思三天，想出一计：整天闷闷不乐，眉头深锁，以手捧心，说是"心疾"。于是从西施家乡召来一位施老医生，西施将地图折成一朵纸花，交给施老医生带回去，说是要送给母亲，其实地图到了范蠡手中。几年后，勾践打进姑苏，就靠这张地图。本文所言"一颦"，指的当然就是西施了！

西施是最成功的女间谍，但是她并非"恃宠进谗"，反倒是吴王夫差，正是"好美色而失天下"的经典例子。

另一位因好色而失天下的皇帝是唐玄宗，为了杨贵妃，"从此君王不早朝"，终于招致"渔阳鼙鼓动地来"不可收拾。但事实上杨贵妃并未因宠进谗，是玄宗自己贪色误国，最后死的却是杨贵妃！

所以"一颦一笑胜过百万甲兵"是成立的，"色必有宠，宠必进谗"却是未必的，"失天下非因美色，实因好色之心"是中肯的。

历久弥新说名句

历史上，中国的外患大多来自北方草原民族。然而，除了几个短短的盛世，如汉武帝、唐太宗、明成祖、清康熙帝之外，大多时候中国对北方边患是穷于应付的。

即使基于民族自尊心，我们夸耀那几个"振大汉天威"的年代，却不能不承认一个事实：军事行动打来的版图，时得时失，远不及"和亲"政策的成绩。

无论汉朝或唐朝，公主下嫁匈奴或吐蕃，都是盛大其事的，陪嫁的阵仗（和亲外交代表团）有时甚至多达数百人。出发时携带大批财物，到达之后，在草原或高原上建筑中国式的宫殿，移植中国的农业与文化至当地。时至今日，还属于中国版图内的草原地区，仍保留古代和亲团的足迹，当年和亲未达的地区，现在可都"独立"出去了，这就是本句的最有力证明。

名句可以这样用

美女"一笑"的威力，可以"倾国倾城"，但是"一颦"的威力甚至还可以超过一笑，体会一下"楚楚可怜""我见犹怜"就明白了，最怕的则是"东施效颦"。

运用之妙，存乎一心

名句的诞生

（泽[1]）曰："尔勇智才艺，古良将不能过[2]，然好野战[3]，非万全计[4]。"因授以阵图[5]。飞[1]曰："阵而后战，兵法之常。运用之妙，存乎一心[6]。"

——《宋史·岳飞传》

完全读懂名句

1. 泽：宗泽，北宋靖康之变后担任东京（开封）留守，亦即沦陷区总司令。飞：岳飞。

2. 不能过：不能超过。

3. 野：放肆。野战：不结阵而战。

4. 计：策。万全计：万全的做法。

5. 阵图：布阵之图。

6. 一心：主将一人之心。意指"因敌制宜"。

语译：宗泽非常器重岳飞，对他说："你的勇敢、智谋与才能都属上乘，古代的良将也未必超过你，但是你喜欢不结阵就开战，不是万全的做法。"于是传授岳飞布阵之图。岳飞说："布阵然后开战，是兵法的常理。可是如何巧妙运用，却端视主将临敌制变。"

名句的故事

岳飞回答宗泽的十六个字，一位青年军事天才的自负之情跃然纸上。但后人常误会岳飞的意思，以为"只要能临机应变，不必照规矩来"。事实上，当时的敌人是金国，金兵以骑兵见长，金国南征总司令是四太子兀术，他有一支"拐子马"，威势好比骑射时代的装甲部队，宋军的步兵遇上拐子马，一冲就散，结什么阵都没用。而岳飞堪称中国军事史上第一位采用"散兵战术"的将领，步兵可以各自为战，无须传统的"旌旗金鼓"指挥系统。但散兵战术必须更紧密的"上下一心"，也就是训练更严格、默契更良好，绝非"没规矩"。

金兀术的拐子马，系由三人三马以革索联成一组，骑兵着重铠甲，冲锋陷阵，无坚不摧。岳飞在郾城之役，打造麻札刀、钩镰枪，下令"遇拐子马即侧身让开，由侧面攻击，不准仰视，专心斫马足"。拐子马"一马仆、二马不能行"，宋兵散而复聚，金兵重铠不方便行动，一万五千骑全数被歼灭。

面对兵法、阵图上未见的敌军，能够发明新的战术破之，这才叫作"运用之妙，存乎一心"。

岳飞进剿洞庭湖水寇杨么，杨么拥有大船，用轮子激水前进"其行如飞"，官船被它撞上就碎了。岳飞命军队砍伐君山上的树木，做成排筏，塞满港汊（音"chà"），又将大量腐木乱草从上游流下。然后命军士向杨么大船叫骂，一边骂阵，一边退后，杨么大船加速追赶，却被大量草木壅积而难以动弹。此时官兵乘木筏进攻，杨么跳水逃走，被牛皋生擒。这又是一场因地制宜、因敌制宜的胜仗。

实战印证

南北朝时，北方是东、西魏对峙局面。东魏高欢领兵攻打玉壁（山西），昼夜不息，西魏守将韦孝宽"随机"抵御。这一役双方过招内容，堪为"运用之妙，存乎一心"的最佳诠释。

高欢在城南堆土山，想要居高临下攻城；韦孝宽派工匠将原有的城楼一再加高，总要维持比城外敌军的土山更高。高欢改采地道战术，自北城下方，凿十条地道通往城内；韦孝宽命士兵掘一条长堑（巨型壕沟），截断地道，东魏军落进壕沟，就地擒杀。如果涌进壕沟敌军太多，一时来不及处理，就积柴生火，以皮排"鼓风吹之"，东魏军被烧得焦头烂额。

高欢用攻城车撞城门，袁孝宽用大型布幔抵消攻城车的力道。高欢命兵士以长竿缚松、麻，伸长以烧布幔，袁孝宽也用长竿上缚利刃，割断松麻。

高欢用尽战术都不成，就射箭入城中，箭上附赏格："谁能杀韦孝宽来降，拜为太尉、封开国郡公、赏一万匹绸缎。"韦孝宽在赏格上亲笔背书，射回东魏营中："能斩高欢者，比照办理。"

双方战术都是兵书上没有的，全都是因地制宜、因敌制宜，运用之妙，存乎一心。

名句可以这样用

因敌制宜的招术很多："将计就计""欲擒故纵""借风使船""欲取姑予"，如何运用就存乎一心了。

攻守有度（掌握）

名句的诞生

凡先处战地[1]而待敌者佚[2]，后处战地而趋战[3]者劳[4]。故善战者，致人[5]而不致于人[5]。能使敌人自至者，利之[6]也；能使敌人不得至者，害之[7]也。

——《孙子·虚实》

完全读懂名句

1. 战地：形势险要之地，或对我有利之地形，亦即我方选择之战场。

2. 佚：逸，轻松。

3. 趋：赴。趋战：前往敌人选择的战场应战。

4. 劳：累、疲。

5. 致：令。致人：调动敌人。致于人：被敌人牵动。

6. 利之：以利诱之。

7. 害之：攻其必救（使无力来攻）。

语译：凡是先占据形势险要之地，而等待敌人前来者，（军队准备充分且有余力）作战轻松；晚到战场而应战者，军队疲劳。所以，善战者总是能令敌军随我的计划而调动，而不受敌人牵引。能使敌人自动前来（自投罗网），系因为以利诱之；能使敌人不能前来，系因为攻击他的要害。

兵家诠释

《李卫公问对》：兵法千章万句，不出乎"致人而不致于人"一句。

张预：能让敌人前来我所选择的战场决战，则对方势虚，我不赴敌人有利的战场作战，则我军势实。

《百战奇略》：两军对战，若双方营垒距离远，且势力相当。可以派轻骑（运动快速的小部队）前往挑战，安排伏兵等敌军来时攻击之。（敌军之所以会来，当然是诈败以诱之。）

《齐孙子》：派出去挑战的小部队，只准败退，不许胜。另以奇兵攻击敌军侧翼，可以获得大的战果。

实战印证

隋末群雄争战，李世民领军攻打薛举，薛举的太子薛仁果派大将宗罗领军对抗。宗罗赢了第一回合，乃一再向唐军挑战。李世民坚壁不出，诸将个个请战，李世民说："我军新败，士气沮丧，敌军恃胜而骄，有轻敌之心。现在最好是闭上垒门不出战，对方骄傲，我军气愤，等待对方露出破绽，就可以一战成功。"于是下令："哪个敢主张作战，斩首！"

双方相持六十几天，薛仁果粮尽，部将梁胡郎等带了部队向唐军投降。李世民知道薛仁果军心动摇，派将领梁实出寨，在浅水原扎营。宗罗大喜，出动所有精锐展开攻击。梁实奉令"守险不出"，宗罗攻打数日不下，李世民分析敌军已经疲倦，下令出击。前军庞玉"遵命"败阵，李世民亲自领大军自浅水原北方突击，宗罗引兵回头作战，被击溃。

李世民此役完全掌握"致人而不致于人"的要领：敌军势盛挑战"不趋战"，梁实"先处战地而待敌"，庞玉"利诱使敌自至"，最后攻其侧背以"害之"。宗罗被李世民"调动"于股掌之上，遂致大败。

名句可以这样用

形容"抢先占领险要，然后迂回攻击敌方侧背"的四字成语有："扼喉抚背"、"扼亢拊背"，攻击要害则是"批亢捣虚"。

形兵之极，至于无形

名句的诞生

形人[1]而我无形[2]，则我专而敌分。我专为一，敌分为十，是以十攻其一也，则我众而敌寡；能以众击寡者，则吾之所与战[3]者，约[3]矣。……故形兵之极[4]，至于无形；无形，则深间[5]不能窥，智者不能谋。

——《孙子·虚实》

完全读懂名句

1. 形人：察知敌人之形（虚实）。

2. 我无形：我方虚实不让敌人察知。

3. 所与战：对战之敌军。约：少。

4. 极：极致。形兵之极：灵活用兵的极致。

5. 间：间谍。深间：深藏的间谍。

语译：能察知敌人虚实，而不让敌人知道我军的虚实，那么，我军就可以集中兵力，讨伐敌方分散的兵力。假设我军集中一处，而敌军分散为十处，那等于我方用十成力量去攻打对方一成的力量，也就是我方拥有兵力的相对优势；能够形成相对优势作战，则我军对战的敌人就（相对）少了。……所以说，灵活用兵的极致，能让敌人完全看不出我方虚实；当我方达到"变化无形"的境界时，即使深藏在我军的间谍也无法窥探，敌方最聪明的军师也无从计谋。

兵家诠释

《六韬》：善战者不待张军（布阵），善除患者理于未生（消弭祸患于未萌），善胜敌者胜于无形。

《李卫公问对》：故意暴露伪形，让敌人随我之伪形而调度。用这种方法制胜，胜利摆在面前，众人也不能明白（敌人也不明白自己怎么失败）。

李贽：打了胜仗之后，大家都知道我"如何胜"，却没有人知道我"何以制胜"。此所以只会模仿古人的，都不能用老招再度得胜。

实战印证

南北朝时，北方东、西魏之间一次决定性的战役：东魏相国（执政军阀）高欢亲率三路大军进抵蒲坂（山西），并下令搭建三座浮桥，展现跨越黄河、一举吞灭西魏的决心。

西魏大将军（也是执政军阀）宇文泰对诸将分析："高欢此举意在牵制我军主力，让他的先锋大将窦泰顺利西进，直攻关中。窦泰所部尽皆精锐，因战无不胜而傲慢自大（不防备）。我军若立即发动突击，必能击溃窦泰，高欢也将不战而退。"

西魏诸将闻言失色，纷纷发言表示"敌人重兵当前，却放弃阵地，奇袭远方，一旦遭到挫折，悔之晚矣"。宇文泰说："高欢过去两次来攻，我军都没有离开灞上（坚守险要之地）。这一次他必定认为我军仍然采用相同战术，这是我们应该充分利用的心理。敌军搭建浮桥，一时不能完成，不出五天，我军必取窦泰！"

宇文泰公开宣布"回军防守潼关"，却密令急行军，突袭窦泰。窦泰仓促应战，在风陵渡口渡河时被击溃，窦泰自尽。高欢得知窦泰一军被歼灭时，宇文泰主力大军已回蒲坂，高欢只得下令毁浮桥，黯然撤军。宇文泰洞悉高欢的策略（形人），而让高欢完全未料到他将突袭窦泰（我无形），可称为"形兵之极"。

名句可以这样用

商场如战场，形势变化无常"云谲波诡"，彼此相互算计"尔虞我诈"，善战者"洞若观火"，缺乏应变能力则难免"辙乱旗靡"。

名句的诞生

攻而必取者，攻其所不守[1]也；守而必固者，守其所不攻[2]也。故善攻者，敌不知其所守；善守者，敌不知其所攻。微[3]乎微乎，至于无形，神[4]乎神乎，至于无声，故能为敌之司[5]命。

——《孙子·虚实》

完全读懂名句

1. 不守：未设防之处。

2. 不攻：敌人不敢攻、不能攻，乃至佯为不攻，其实声东击西之真正攻击点。

3. 微：一作"精细"解，如微妙。一作"隐藏"解，如微言。二义于此处皆通。

4. 神：奇妙。

5. 司：主宰。

语译：（将领）进攻必然得手，是因为攻击敌人未设防之处；防御必定巩固，是因为连敌人不攻之处都设防。所以，善于进攻者，敌人不知道守哪里好；善于防守者，敌人不知道该攻击哪里好。微妙啊，乃至于看不到形迹；神奇啊，乃至于听不到声音；因而能主宰敌人的生死。

兵家诠释

《六韬》：让军队外表显得混乱而

内部其实严整，让敌人以为我军缺粮而其实充足，精锐之师却表现得很迟钝。让军队时合时离、或聚或散；计谋要隐藏、战术要保密、壁垒要坚实；埋伏的军队要做到静寂无声。总之，要让敌人不知道我已有万全防备，引导敌人防备西面，然后袭击其东面。

何守法：三军之众，百万之师，怎么可能无形、无声？不过就是让敌人捉摸不透罢了！

夏振翼：敌人的虚实尽在我掌握之中，所以"敌不知其所守"；我方虚实敌人无从窥闻，所以"敌不知其所攻"。

《百战奇略》：声东而击西，声彼而击此，于是敌人不知其所守。

实战印证

西汉时，发生"七国之乱"，以吴楚为首。太尉周亚夫领军讨伐吴楚，大军集结在荥阳（河南），坚壁不战。吴军数度挑战，周亚夫"不动如山"。后来吴军大举向东南面的阵地展开攻击，周亚夫下令"西北面加强戒备"，果然吴兵转而扑向西北，遇到周亚夫坚强的防御，无功而退。"善守者，敌不知其所攻"的真义，就是令敌军无隙可乘。

南北朝末期，隋文帝统一北方后，命高颎为元帅，攻讨南方的陈国。文帝问高颎："有何策略可以取胜陈国？"高颎回答："北方气温较低，农作比南方晚收成。趁对方收割的季节，调动兵马，扬言渡江南征，对方必定屯兵防御，这样就耽误了收割。看到对方军队聚集，分驻各险要地方，我军'解甲归田'，帮助农民收割。如此几年下来，我方兵精粮足，南方兵疲粮少，我军人马集结，对方以为又是骚扰之计，防守就会出现漏洞。于是我军从防备松懈处大举渡江，一定可以成功。"

隋文帝采纳了高颎的策略，数年下来，陈国经济愈弱，隋国经济愈强，终于被征服。掌握主动，乃能"为敌之司命"。

名句可以这样用

形容防守者的高下：（由高至低）固若金汤、深沟高垒、婴城固守、浴血鏖兵、负隅顽抗、困兽犹斗。

攻是守之机，守是攻之策

名句的诞生

攻是守之机[1]，守是攻之策，同归乎胜而已矣。若攻不知守，守不知攻，不惟二其事[2]，抑[3]又二其官[4]，虽口诵孙吴[5]而心不思妙，攻守二齐[6]之说[7]，其孰能知其然哉？

——《李卫公问对·下》

完全读懂名句

1. 机：机变。

2. 二其事：当成无关的两件事。

3. 抑：且。

4. 官：功能。二其官：将两种功能分开。

5. 孙吴：《孙子兵法》与《吴子兵法》。

6. 二齐：两者同等重要。

7. 说：学说，理论，道理。

语译：攻是守的变化运用，守是攻的策略运用，（寓攻于守或转守为攻）都是为了获取胜利而已。如果进攻时不知道防守，防守时不知道进攻，那就不只是将攻守当作两件事看待而已，抑且将攻守划分成两套功能（就需要两组人马，一组主攻，一组主守），这种将领即便能将《孙子》《吴子》等兵法背诵如流，却不思考个中蕴藏的攻守转换运用之奥妙，那么，"攻守二者同等重要"的道理，他又怎能明白呢？

名句的故事

唐太宗与李靖讨论《孙子兵法》中关于攻守间关系的对话，对攻守的交互运用，做了详辟的讨论。

对话中厘清《孙子》的"守则不足，攻则有余"所造成之误解。一般的理解是：兵力不足就是弱方，应采守势；兵力有余就是较强的一方，应采攻势。但若双方都没有必胜把握，都采守势，是不是就不开战了呢？若真是这样，历史上一半以上的战争都不会发生。所以，上述"一般理解"有问题。

唐太宗提出了他的见解：我军希望敌军来攻，就要"示敌以不足"，并且主动采取守势，引敌军来攻，让敌军"踢到铁板"，甚或设下奇兵给予痛击；我不希望敌军来攻，就要"示敌以有余"（虚张声势或声东击西），让敌人采取守势，则我军争取到防守时间，或敌方防御"错边"（声东击西奏效）。本文则是李靖听完唐太宗的论述之后的补充看法。

实战印证

三国时，吴王孙权御驾亲征北伐，主力军攻东路（由苏北向山东），派陆逊与诸葛瑾攻襄阳（由湖北攻河南）以为牵制。孰料，东西二路间的信差被魏国掳获，显见军事情报外泄！

诸葛瑾因而大为紧张，请教陆逊有何对策，陆逊一边下棋，一边对诸葛瑾说："敌人晓得阁下要调防了，就会专心对付在下。如今兵将已开始调动，自当如常进行，但是要让敌人搞不清楚我的战术。如果加速调防，敌人以为我们怕了，会加速来攻，那可是必败之势。"

于是两人定计：诸葛瑾负责督办水师舟船，陆逊带领全部兵马向着襄阳进军，魏军见陆逊来攻，就退回襄阳城防守。诸葛瑾的舟船此时驶至江边，陆逊一边虚张声势，一边将主力改趋江边。魏军不明虚实，不敢追击，吴军全军而退。这便是要攻要守，操之在我。

名句可以这样用

虚张声势的要领包括：从容不迫、谈笑自若、不动声色，然后"迅雷飙风"般快速转变行动。

名句的诞生

用兵之害，犹豫最大；三军之灾，莫过狐疑[1]。善战者见利不失[2]，遇时[3]不疑；失利后时[3]，反受其殃[4]。……是以疾雷不及掩耳，迅电不及瞑目[5]，赴之若惊[6]，用之若狂[7]，当之者破，近之者亡，孰能御之！

——《六韬·军势》

完全读懂名句

1. 狐疑：狐狸天性多疑，故以"狐疑"形容多疑以致难决。

2. 失：错失。

3. 时：时机。后时：时机已逝。

4. 殃：祸。

5. 瞑目：闭眼。

6. 赴：前进，冲锋。惊：受惊的马。

7. 狂：发狂的兽。

语译：危害战术运用最大的就是犹豫不决，三军的灾难没有超过狐疑的。善于用兵的将领见到形势有利时，绝不错失；遇到时机出现，绝不狐疑；错失机会或时效，反而会遭受其害。……就像雷声急速来不及掩住耳朵，电光迅闪来不及闭上眼睛，冲锋就像马匹受惊般狂奔，作战就像野兽发狂般凶猛，阻挡在前者必败，靠近者必亡，谁能抵抗它！

用兵之害，犹豫为大；三军之灾，莫过狐疑

兵家诠释

《吴子》：用兵之害，犹豫最大；三军之灾，生于狐疑。（几乎相同用语，足见本句已成为兵家的至理名言。）

《司马法》：将领的战术指令坚定，士兵的决心才会坚强。那些进退不定，遇敌不知所措者（针对将校，不对士卒），战结束以后，依军法诛之。

实战印证

唐高祖李渊自晋阳（山西）起兵，大军直指关中，面对的隋朝将领是宋老生和屈突通。诸将大多建议先攻屈突通（绕道河东），任环则主张直攻长安（先对付宋老生）。裴寂提出："屈突通虽然不在正面，可是威胁我们的侧翼，万一进攻长安战事不顺利，会被屈突通截断后路。到时候腹背受敌，风险太高。"李世民驳斥他："不对。兵贵神速，我们应该迅速击溃宋老生，直逼长安。如果拖延时日，大军在坚固的城下滞留，时机将逝。关中地区各路起义军现在还没有认定归属对象，必须尽快去收编。屈突通只会坚守城池，不足挂虑。"

李渊见众无定见，犹豫不决。又听说突厥将偷袭晋阳，心中挂念晋阳宫中妻妾，有意回师，巩固根据地。李世民力谏，李渊不听，只好在帐外号哭，李渊被他吵得无法入睡，召他入帐。李世民痛陈："大军起义，靠的是政治号召。前进作战（若克敌制胜）则人心坚定，撤退则人心离散（士卒个个急着回家）。这边军心瓦解，那边敌军追击，我们死定了，怎能不悲痛哭号？"李渊醒悟，决定与宋老生决战，将士肉搏登城，城陷，斩宋老生。唐军直趋长安，奠定取得天下的基础。

李世民知道时机（收编关中义军）稍纵即逝，李渊则听懂了"狐疑之害"。

名句可以这样用

形容狐疑的成语有"游疑瞻顾""瞻前顾后"；形容虽有想法却仍考虑再三，可用"举棋不定"；弈棋名言"长考之下，必有败着"亦足为戒。

疾如风，徐如林，侵掠如火，不动如山

名句的诞生

兵以诈立[1]，以利动[2]，以分合为变者也。故其疾[3]如风，其徐[4]如林，侵掠如火，不动如山，难知如阴[5]，动如雷震。

——《孙子·军争》

完全读懂名句

1. 立：建立。以诈立：以诡诈为本。

2. 动：行动。以利动：见利始动，非利不可动。

3. 疾：快速。

4. 徐：缓，从容不迫。

5. 阴：乌云蔽天，不见日月星。

语译：用兵以诡诈为本，形势有利才行动，以分合（奇正）为变化。所以，军队的行动准则是：快速时如风一般（来去无形迹），从容时如林木一般（行列齐整），攻击时如火一般（猛烈且寸草不留），不动时如山一般（不可动摇）。要像乌云蔽日那样，让敌人难以窥测；像天空雷击那样，让敌人无所逃避。

兵家诠释

《三略》：战如风发，攻如决河。发动攻击如大风横扫原野，不知其来去，却能风行草偃；又要如江河决堤，势莫能当，且能盈科（注满凹坑）而后进。

《曾文正公全集》：战阵之事，须半静半动，动如水（流畅而无坚不摧），静如山（屹立不摇）。……打仗不慌不忙，办事无声无息（徐如林）。

《百战奇略》：军队见利则动，不见利则止，绝不可轻举妄动。若不计（利）而进，不谋（胜）而战，则必为敌所败矣！

实战印证

东汉光武帝刘秀平定中原后，对陇（甘肃）蜀（四川）用兵。当然盘踞甘肃的军阀是隗嚣，盘踞四川的是公孙述。刘秀的大战略是取道陇右（甘肃南部）攻四川，并分派七员大将进驻四个战略要地，其中冯异被派进驻栒邑（陕西）。

同时间，隗嚣派大将王元、行巡进攻关中，行巡的任务是先据栒邑。这是双方必争之地。

冯异决定快速行军抢先占据栒邑，诸将认为："敌军气盛而来，不可与之争锋，应该在适当地点驻扎，徐思方略（慢慢研究战术）。"冯异说："栒邑一旦落入敌手，关中将为之动摇。兵法曾指出'攻者不足，守者有余'，现在应该先占据栒邑城，以逸待劳。"于是急行军进入栒邑城。冯异入城后偃旗息鼓，行巡不知道冯异已经捷足先登。军队到达城外，突然城门大开，战鼓通天响，城中杀出汉军，行巡军队惊慌大乱，四处奔窜，完全被击溃。

冯异在战略上看清楚"栒邑乃必争之地"，掌握"见利则动"准则；快速进入栒邑城是"疾如风"；偃旗息鼓是"难知如阴"；开城突击是"动如雷震"。相对来看，行巡的军队则未能掌握"徐如林"与"不动如山",一旦遭受突击,就慌乱奔窜,该当被击溃。

名句可以这样用

日本战国时代名将武田信玄的军队,打的旗号是"风林火山",就是由《孙子兵法》本句而来。武田信玄喜欢读《孙子兵法》,有"战神"之称。

名句的诞生

三军可夺气[1]，将军可夺心[1]。是故朝气[2]锐，昼气[2]惰，暮气[2]归。故善用兵者，避其锐气，击其惰归，此治[3]气者也。

——《孙子·军争》

完全读懂名句

1. 夺：取走。夺气：打击其士气。夺心：动摇其信心。

2. 气：士气。以农业社会之一日辰光为喻，朝气指晨起初起之气，昼气指日中稍怠之气，暮气指日暮思归之气。

3. 治：掌握。

语译：（对敌人）军队可以打击其士气，将领可以动摇其信心。以一日辰光比喻，朝气锋锐，昼气渐怠，暮气思归。所以，善于用兵的将领，会避开敌人的锋锐之气，等待敌人气衰思归时打击它，这是掌握敌我士气的要领。

名句的故事

春秋时，齐国攻打鲁国，鲁庄公御驾亲赴前线作战，曹刿随行。两军对阵，齐军擂鼓，鲁庄公正要下令击鼓，曹刿说："还不行。"直到齐军擂鼓三通，曹刿说："可以了。"于是鲁

287

军擂鼓，下令进攻，打败了齐军。

得胜后，庄公问曹刿，为什么擂鼓的先后，会影响战争的胜负？曹刿说："打仗靠士气、勇气。一鼓作气，再而衰，三而竭。对方三鼓气竭，我方一鼓气锐，所以得胜。"

这是《左传》有名的《曹刿论战》，几乎所有讨论士气（包括军事与非军事）的文章，都会引用。虽然说，三鼓之间的士气消长，居然可以左右一场战役的胜负，似乎有些夸张。但若是将时间拉长一些，则士气对胜负的影响就很显著了。

实战印证

隋末群雄逐鹿，李世民与窦建德在氾水对峙，窦建德的军队列阵绵亘数里，李世民带着诸将与参谋登上城墙观察敌阵，对诸将说："敌军营内喧嚣，显示军纪甚差；阵地逼近我方城池，有轻敌（我军）之心。我们且按兵不动，等待他们列阵久了士气衰竭，士卒饥渴（久则饥，嚣则渴），必定撤退，等他撤退时，我们再发动攻击。"果然，窦军自清晨列阵到中午，兵士累得坐在地上，又相互争抢饮水。李世民说："可以了。"下令出击，大胜。这是半日之内的士气消长。

春秋时，秦穆公派三员大将孟明、西乞、白乙率军偷袭郑国，途中被郑国的商人弦高假称"奉国君之命前来劳军"骗到，以为郑国已有准备，就转移目标，攻打滑国，灭了滑国之后，班师回秦。但是在回国途中，被晋军偷袭，三员主将被俘。

晋襄公听了文嬴（晋文公之妻，秦穆公之女）的话，放回三秦将。晋国大将先轸急谏，襄公后悔，派人去追，已经来不及了。孟明在船上对追来的晋将说："感谢晋君不杀之恩，我回国若侥幸不死，三年后必定回来报答。"

秦穆公亲自到黄河边迎接三位将领，仍然重用孟明。过了三年，孟明领军攻打晋国，晋国自知理亏，只守不攻，秦军攻到三年前的战场，收拾当年阵亡将士的骸骨，造了一个大墓，然后班师。这是三年间的士气消长。

名句可以这样用

本句与"一鼓作气，再而衰，三而竭""避其锋锐，击其惰归"意思一样，但应用的场合有所区隔。

蓄不竭之气，留有余之力

名句的诞生

凡用兵须蓄[1]不竭之气[1]，留有余之力[2]。……久战之道，最忌"势穷力竭"四字。……大约[3]用兵无他妙巧[4]，常存有余不尽之气而已。

——《曾文正公全集》

完全读懂名句

1. 蓄：储蓄，维持。气：士气。

2. 力：战力。有两个层面：一是不让士兵过度劳累，一是保留部分兵力，在战后期投入，予敌人致命一击。

3. 大约：大体而言。

4. 妙巧：花招，诡诈。

语译：用兵打仗一定要让军队维持高昂的士气不使枯竭，也要保留军队多余的战力（予敌人最后一击）。……与敌人作持久战，最忌讳"势穷力竭"四字。……大体而言，用兵不需要太多的花招或诡计，（重要的是）经常维持军队有余且不尽的士气。

兵家诠释

《司马法》：凡战，以力久，以气胜（能持续战力与士气者胜）。作战时，坚固的防线不要再重复，重点攻击处不要将兵力用尽，凡是将兵力用尽者，就会发生危险。

《尉缭子》：气实则斗（勇），气夺则走（退）。

《李卫公问对》：防守不只是构筑工事、强固阵地而已，一定要储存士气，等待反攻的契机（随时易守为攻）。

实战印证

楚汉争霸，双方对峙数年，师老兵疲，于是达成协议，以鸿沟（汴水分流）为界，平分天下，各自罢兵。这成为形势大逆转的关键点。

项羽率领楚军向东撤退，刘邦也准备下令向西撤军。张良、陈平向刘邦建议："诸侯都心向汉，楚军已疲惫不堪、粮食不继，这正是灭亡楚国的绝佳时机。若不把握这个机会，就是养虎遗患了。"刘邦采纳，下令追击（毁约），一路追到垓下（在安徽），刘邦与韩信、彭越、英布等盟军会合，将楚军包围，设下"十面埋伏"。韩信献策，每天晚上展开心理战，"四面楚歌"，瓦解楚军士气。终于，项羽放弃再战，率八百人突围而出，最后在乌江畔自刎。

刘邦追击项羽，并不违反兵法"归师勿遏"，所谓"归师"，指的是回军救援（家小都在根据地）。相反地，汉军正符合兵法，"击其惰归"，楚军一心回家，已无志。

在垓下之围前的一次决定性战役，发生在九里山（在山东），项羽就犯了"全军投入"的错误，以致于被韩信侧翼突击时，已无"有余之力"对抗。

名句可以这样用

本句兵法不仅应用于军事，也应用于文学、武术，乃至于商战。

曾国藩论治学："有气则有势，有识则有度，有情则有韵，有趣则有味；古人绝好文字，大约于此四者之中，必有所长。"此四者，指的是势、度、韵、味，其中"气势"是行文的动力，而后三者的作用都在"余味"。

本句应用在武术，正如《拳经》云"如长江大海，滔滔不绝"，又云"招式不可用老"；应用在商战，则是"不断创新，为企业注入活水"。一个失去创新能力的企业，必定失去竞争力。

名句的诞生

善用兵者，避其锐气，击其惰归，此治[1]气者也；以治[1]待乱，以静待哗，此治心者也；以近待远，以佚待劳，以饱待饥，此治力者也；无邀[2]正正之旗[3]，勿击堂堂之阵[4]，此治变者也。

——《孙子·军争》

完全读懂名句

1. 前一个"治"是"掌握"的意思，下文治心、治力、治变皆同。后一个"治"是"秩序"的意思。

2. 邀：急袭，半途攻击。

3. 正正：齐整貌。正正之旗：旗帜齐整，意味着部队军纪严整，训练有素。

4. 堂堂：盛大貌。堂堂之阵：阵形盛大庄重，意味着军队实力雄厚，不惧敌人。

语译：善于用兵的将领，避开敌人的锐气，等待敌人气衰思归时才攻击，这是掌握敌我士气的方法；以秩序井然的我军等待混乱的敌军，以肃静的我军等待哗噪的敌军，这是掌握敌我心理状态的方法；我军接近（先到）战场等待敌军远来，我军安逸休整等待敌军奔走疲劳，我军饱食等待敌军饥渴，这是掌握士卒战力的方法；不急着去攻击队形整齐、训练有素的敌军，不正面攻击阵形堂皇的敌军（二者皆可能有奇兵埋伏），这是掌握战场变化的方法。

无邀正正之旗，勿击堂堂之阵

兵家诠释

本文"治气"部分与之前"朝气锐，昼气惰，暮气归"一章重复，系由于原本就是连贯的文句。前章论士气消长，以"治气者也"为结论，本章论"治气、治心、治力、治变"四者，是战阵临敌的方法要领，为求各章之完整性而重复。

《李卫公问对》：若双方势均力敌，敌方阵形齐整，找不到可穿透的空隙，则不可轻举妄动。若轻率出战，万一被敌军利用，很可能导致大败。所以说，用兵作战有时不可战，有时一定要战。敌方有能人，就不可以赌他会暴露弱点，"不可战"的决定权仍操之在我；敌方没有能人，就会轻率来攻，予我以奇兵设伏的机会，这时"一定要战"成了敌军的失误关键。

实战印证

三国时，曹操在"官渡大战"击败袁绍，袁绍死了，可是两个儿子袁谭、袁尚仍有余力与曹操对抗。曹操故意将大军指向荆州，给袁氏兄弟喘息空间，果然两兄弟一旦没有"外患"了，就开始"内斗"，争正统、抢地盘。曹操于是再掉转大军攻向邺城（袁尚大本营，在今河南），将邺城团团围住，并环城挖掘壕沟，引漳河之水灌满壕沟，邺城乃成为隔绝的孤岛。

袁尚率大军回救邺城，曹操帐下诸将认为"袁尚军队回救大本营，将士心系城中家属安危，必定个个拼命，应该避其锐气。"曹操说："袁尚若从大路而来，我们就让开；如果他沿着西面山区而来，可以一举覆没之。"

果然，袁尚选择沿西山南下，最后被曹操痛击，要求投降，被曹操拒绝，整个兵团立时瓦解，袁尚乘夜逃走。从大路来，只能进，不能退，显示全军决心死战；从山路来，可进可退，显示主将预留后路，士卒岂肯卖命？

名句可以这样用

前述故事，走大路来才可能列"堂堂之阵"，走山路来更不可能有"正正之旗"。

佯北勿从，饵兵勿食

名句的诞生

高陵[1]勿向[2]，背丘[3]勿逆[4]，佯北[5]勿从[6]，锐卒勿攻，饵兵[7]勿食[8]。

——《孙子·军争》

完全读懂名句

1.高陵：敌人在高山结阵。

2.向：仰攻。

3.背丘：敌人背靠高地布阵。

4.逆：正面攻击。

5.北：败退。佯北：诈败退却。

6.从：跟。

7.饵兵：以小部队为饵，诱敌来"吞饵"。

8.食：吃。另一解为"贪"之笔误，不可贪食
　敌人的诱饵。

语译：敌军占领高山（或上坡角度大的山），不可轻率地去仰攻；敌军背靠山坡布阵，应避免正面攻击；敌人诈败退却（必有伏兵），不可追击；不要去攻击敌军的主力精锐部队；敌人以小利为饵，不可贪食。

兵家诠释

《六韬》：设伏要在没有退路的地方。我军的队形应疏散不整，前军交战后就败退，而且听到"金声"也不

止步。一直退三里才回身还击，同时伏兵发动。这是设伏的要领。

《李卫公问对》：敌军后退时，旗帜参差不齐，鼓声或大或小不相应，号令喧嚣而不一，那是真败；但若旗鼓整齐，号令如一，却做出纷乱的样子，那不是真败，必有埋伏。这是辨别真败、假败的要领。

《吴子》：派出下级军官，带领轻装精锐部队去攻击，只许败、不许胜。观察敌军将领的反应，如果进退有节，追击诈败军队假装追不上，对散落的战利品视若无睹，这种将领称为"智将"，应避免与他交战（反之则为愚将）。这是测试敌将的方法。

综上所述，仍得看将领临阵时的判断，甚至灵感。因为智将的"佯北"可以故意旗鼓纷乱（训练够精良），也可以假装贪饵（"食饵"的小部队反过来成为"饵"）。

实战印证

三国时，曹操与袁绍相战，曹军在白马得胜，迁徙当地人口而回。袁绍军追击，曹操驻军在南坡下（背丘），派一支部队解鞍放马（饵）。诸将认为"敌军人马多，不如赶路回营自保"。只有荀攸看懂曹操用意，说："这是所谓的'饵兵'，怎么可以收？"袁军前锋五六十名骑兵赶到，诸将请示："可以上马了吗？"曹操说："还不行。"直到大队人马到达，斥候报告"袁军向着放马处去了"，曹操这才下令发动攻击，大破袁军。

唐朝安西节度使（管理西域）封常清带兵攻击大勃律（克

什米尔）到菩萨劳城，前锋连续获胜，封常清乘胜追逐。参谋段秀实建议："敌军一再示弱，并且连续败退，很可能是诱我进入埋伏，请派军队搜索左右山林。"封常清采纳他的意见，果然发现伏兵。大勃律的伏兵反被"突袭"，溃散逃回，这下子成了真的败北，而且不可收拾。结果，大勃律投降，封常清受降后凯旋。

名句可以这样用

战场上将领斗智，有时远比兵法上的原则提示来得复杂，背兵书"滚瓜烂熟"，不及记战史"耳熟能详"，又不及临阵经验"见微知著"。

名句的诞生

归师勿遏[1]，围师必阙[2]，穷寇[3]勿迫。

——《孙子·军争》

完全读懂名句

1. 遏：阻挡。

2. 阙：缺。留一个缺口。

3. 穷寇：陷入绝境的敌人。

语译：思归心切的军队不要去阻挡它，包围敌军一定要留一个缺口，陷入绝境的敌军不可以逼迫它。（三句都是"让敌人有侥幸求生之念，而不拼死命"的用意。）

兵家诠释

《司马法》：包围敌军三面，留下一面，那是为了让人看到一条生路，会朝我军希望的方向逃走，战事就可以依我的计划进行。

《李卫公问对》：攻击穷寇的方法，一定要开一个让敌人可以逃脱的路，不让它起拼命之心，那么敌人再多也可以击败它。在它逃命的路上，以精锐的骑兵扼守要冲，派轻装部队前往诱敌，布阵而不交战。突围的败军总是被动反应，要战、不战都在我方掌

围师必阙，穷寇勿迫

握之中，可以收到最大战果。

实战印证

三国时，曹操攻打张绣，刘表偷袭曹操后方，曹操引兵回救，张绣来追，曹操腹背受敌，险要都被两面敌军扼守住，情势危急。曹操动员军士连夜开凿山道，通过危险地形，然后设下伏兵。天明，张绣发现曹军遁去，急忙追赶，遭伏兵突袭，惨败。曹操对荀彧说："敌人防挡我军'归师'，陷我于死地（不好说自己是'穷寇'），我就知道必胜了。"此乃归师勿遏的教训。

唐朝"安史之乱"，李光弼率领他的朔方兵团与史思明在太行山的险要隘口井陉大战，史思明败，军队被李光弼围住。李光弼下令"开东南角"，让敌军看见有逃生之路，果然史军"弃甲疾走"，而东南方向地险路狭，李光弼大军从后面追击，"尽歼其众"。此乃围师必阙的示范。

西汉赵充国讨伐先零（羌族）。羌族慑于赵充国大军威势，丢下辎重，回身就逃。羌军后方就是湟水，道路又狭又难走，赵充国刻意放缓脚步，由后方驱赶羌兵。有将领说："这样前进太慢了。"赵充国说："穷寇不可迫。我军放缓脚步，他们就头也不回地逃走；如果逼得太急，他们会回头拼命。"果然，羌兵争着跳入湟水，溺死数万人。这是穷寇勿迫的经典之役。

五代后晋将领符彦卿与戎人相战，戎军十万人将晋军围困在中野（河南），军队缺水，人马渴死甚众。符彦卿对将士说："与其束手就擒，何如以身殉国？我们现在已经陷入死地，只有一拼。"于是亲率劲旅冲锋突围，正好遇上大风，尘土飞扬，全军趁风沙之势展开绝地大反攻，戎军大溃。这是不懂穷寇勿迫的反面教材。

名句可以这样用

常见穷寇勿"追"的错误用法，敌人败逃，岂有不追击之理？只不过要小心不可"逼人太甚"。要明白"人急拼命，狗急跳墙"，也就是成语"困兽犹斗"的意旨所在。

君命有所不受

名句的诞生

涂[1]有所不由[2]，军有所不击，城有所不攻，地有所不争，君命有所不受。

——《孙子·九变》

完全读懂名句

1. 涂：同"途"，道路。

2. 由：通过，经由。

语译：道路不该走的不走，军队无须攻击的不攻，城池攻之无益则不攻，土地不是一定要争，为了军事胜利，国君的命令也不必照单全收。

兵家诠释

《三略》：将军带兵出征，战术运用应充分授权，如果君王在后方"下指导棋"，就难以建功了。

《李卫公问对》：正兵（战略）受命于国君，奇兵（战术）由将领临阵指挥。

曹操：行军路线途中的隘难之处，在地图上看不出来；敌军的情况（归师？穷寇？虚实？）必待临阵探知；城若小而固，粮食充沛，攻之无益；土地争得到却守不住的，不必费力去争。以上都必须由将领视实战情况做决定，所以不能受君命之拘束。

实战印证

东汉光武帝派马援、耿舒讨伐武陵（广西）的五溪蛮。大军进至辰州，有两条路可以选择：从壶头走，则路程近但河流险急；从充道走，则道路平坦但后勤运输线拉长。马援主张走壶头，耿舒主张走充道。二将相持不下，乃上书皇帝请命，光武帝批示采取马援的战术。五溪蛮踞高守险，汉军的船只难以逆流而上，季节又逢溽暑，士卒大半患疫病而死，马援也病卒。这场战役光武帝派二将已经不对（各领一军，分路进剿则可），还御笔批示战术，光武帝才是战败的罪人。

唐太宗李世民亲征高丽，进军路线上有安市、建安二城。太宗对李世绩说："情报显示，安市城守将英勇，建安城兵弱而粮少，你可以先攻建安，建安攻下以后，安市形同在我们的'腹中'了。"李世绩说："建安在南，安市在北，我军的军粮在辽东。若跳过安市而攻建安，万一敌人断我粮道，要怎么办？我认为还是先攻安市比较妥当。"太宗说："既然用你为大将，就听你的。"

唐太宗所持战术理论正是"城有所不攻"，但"有所不攻"并非一定不攻。李世绩说得有理，太宗即秉持"君不掣肘"原则，支持他的战术。

东晋陶侃镇守武昌，江北有一座邾城。很多次有人建议"应分兵镇守邾城"，陶侃都不搭腔。终于被烦不过了，乃召集诸将与幕僚，渡江行猎，在实地对诸将解释："我凭以设险防御的是长江，邾城隔在江北，位置孤单且接近郡夷（当时北方是五胡十六国时期）。所以，邾城乃是招来夷祸之源，而非御寇之要地。如今纵使有军队驻守，对长江南岸的防务却无益。万一蛮夷南下，邾城的储备反而'资敌'了。"陶侃始终没有派兵驻守邾城，可是后来庾亮镇守武昌时，派兵戍守邾城，却在江北大败。此为地有所不争的正、反面教材。

名句可以这样用

《孙子兵法》本句着重在战术运用层面，与一般较常用的"将在外，君命有所不受"用法上有区隔，而后者的意思，较接近"军中但闻将军之令，不闻君命"，请参阅该章。

名句的诞生

将之所慎者五，一曰理[1]，二曰备[2]，三曰果[3]，四曰戒[4]，五曰约[5]。理者，治众如治寡；备者，出门如见敌；果者，临敌不怀生[6]；戒者，虽克[7]如始战；约者，法令省而不烦。

————《吴子·论将》

完全读懂名句

1. 理：条理分明。

2. 备：准备充分。

3. 果：果决勇敢。

4. 戒：戒慎始终。

5. 约：简，以简御繁。

6. 怀：考虑。怀生：贪生怕死。

7. 克：胜利。

语译：将领应当慎重的有五点：一是条理分明，二是准备充分，三是果决勇敢，四是戒慎始终，五是以简御繁。条理分明要做到统率大军如指挥小部队一样；准备充分要做到一旦出师就准备好随时开战；果决勇敢要做到面对敌人不考虑生还；戒慎始终要做到得胜了还跟刚开战一样；以简御繁要做到法令简明而不造成将士困扰。

兵家诠释

《百战奇略》：大军出师征讨，行

出门如见敌，虽克如始战

军时要防备敌人邀截，宿营时要防备劫寨，起风则防备敌人用火攻。随时随地戒备。

《司马法》：宿营要注意兵甲的安放（万一遇敌偷袭，不致于找不到兵器），行军时要注意行列整齐，作战时要注意进止有节。

《将苑》：三军之行（出征）不可以无备，有备无患，无备，虽众不可恃也（军队人多势众也不可依靠）。

实战印证

三国时，魏国大将吴鳞攻打吴国，先锋满宠兵到精湖（江苏高邮湖畔），与吴军隔水相对。满宠对诸将说："今天晚上风很猛，敌军很可能来放火烧营，应通令全军戒备。"半夜，吴军果然派出十支特遣队进行火攻偷袭，却反被满宠设伏掩袭，惨败而回——出门如见敌，起风防火攻。

东汉末，曹操统一北方之前的战争之一：征宛城张绣。曹操大军抵达宛城，张绣接受谋士贾诩意见，向曹操输诚。曹操引兵入宛城，余军分屯城外。但是曹操搭上了张绣的婶母邹氏，乃将邹氏移至城外大营居住，因而惹恼了张绣。一天晚上，张绣领军夜巡，杀进曹操大营，曹操中流矢受伤，败逃。张绣追击，被曹军击退，率余众投奔荆州刘表，驻扎在南阳。之后，曹操领兵再攻张绣，张绣先胜一回合，正想追击，贾诩说："不可追，追之必败。"张绣不听，果然被击败。贾诩此时却说："现在可以追击了。"张绣收拾兵马追击，结果大胜。回来问贾诩原因，贾诩说："将军虽然善于用兵，但却非曹操之对手，曹军虽败，必有劲将殿后，以防追兵，所以前次追兵败退；而曹操一战失利，就急于退兵，必定是根据地许昌有事，既破我追兵之后，必定轻车速回，不再戒备，所以我军必胜。"

曹操、张绣二人都不止一次忘了"虽克如始战"的格言，而招致失败。

名句可以这样用

兵家还有一句格言"受降如受敌"：即使敌人投降了，也仍然是危险的，必须十分戒备。易言之，出师、行军、得胜、受降，都不可放松戒备。

见可而进，知难而退

名句的诞生

有不占[1]而避之者六：一曰土地广大，人民富众；二曰上爱其下[2]，惠施流布[3]；三曰赏信刑察，发[4]必得时；四曰陈功居列[5]，任贤使能；五曰师徒之众[6]，兵甲之精；六曰四邻[7]之助，大国之援。凡此不如敌人，避之勿疑。所谓见可而进，知难而退也。

——《吴子·料敌》

完全读懂名句

1. 占：卜卦。古人以占卜吉凶决定是否出师。

2. 下：指在下位的人民大众。爱其下：爱民。

3. 流布：流传周知。

4. 发：施行（赏罚）。

5. 陈功：表扬功劳。居列：论功授以官爵。

6. 师：军队。徒：士兵。师徒之众：军队人马众多。

7. 四邻：邻国。

语译：有六种情形，不必占卜，就应该决定避免与对方开战：一是土地广大，人民富庶；二是国君爱民，恩惠普遍施行且流传周知；三是赏功守信用、行罚必明察，并且都能及时实施；四是有功者都受到表扬，并且以功劳授官爵，朝廷任用贤能之人；五是人马众多，武器精良；六是得到邻国的帮助，且有大国为后援。这六项若不如敌人，就要避免开战，切莫怀疑。这就是所谓预见可以开战就出击，了解难以取胜就罢兵。

名句的故事

春秋时，楚国攻打郑国，郑国向晋国求援，晋国派荀林父为统帅，率军援救郑国。晋军还没开到郑国，郑国已经战败投降。

荀林父认为，既然已经来不及救郑，就不必牺牲晋国士兵的性命，等楚军退兵之后，再进军伐郑不迟。副帅士会说："对啊！当前的楚国内政修明，人心顺服。去年征讨陈国，今年征讨郑国，楚国人民都没有怨言，商农工贾的生意都不受影响。孙叔敖担任宰相，百官各守其职，军队随时戒备，政府任用贤能与有功勋者。总之，恩泽普施而刑罚不失，施政没有缺点，我军也就无隙可乘。格言说'见可而进，知难而退'，阁下姑且整军经武，诸侯间必定还有可以用武之地，何必非攻楚不可呢！"

但是，另一位副帅先谷反对，并且一意孤行，率领自己手下的军队渡河攻击楚军。荀林父不得已，下令三军同进退，遭楚军痛击。违反"见可而进，知难而退"的鉴戒！

历久弥新说名句

韩信打败赵军（故事请参考"置之死地而后生"一章），荀悦（东汉史学家）评论赵军失败的原因是：赵军在都城外迎战，"见可而进，知难而退"，心里挂念的是城内家小，士卒没有必死的决心，所以败。韩信军队背水一战，士卒怀必死之心，除了拼命，没有二心，所以胜。

这里"见可而进，知难而退"的意思是：战斗有利则前进，攻势受挫则撤退回城。也就是"做事留退路，就不会有拼到底的决心"。

名句可以这样用

同一句"见可而进，知难而退"，吴起和士会用于避免"鸡蛋碰石头"，赵军则成了"先战而后求胜"的败兵。

名句的诞生

凡用兵之法，将受命于君，合军聚众[1]，交和[2]而舍[3]，莫难于军争[4]。军争之难者，以迂[5]为直，以患[6]为利，故迂其途，而诱之以利，后人发，先人至，此知迂直之计者也。

——《孙子·军争》

完全读懂名句

1. 合军：组织军队，包括建立部曲、选择将校、分配辎重、补给等。合军聚众：军队的组织架构完成后，将招募来的军士编入各单位。

2. 交和：两军相对。

3. 舍：建立营垒。

4. 军争：行军抢占险要之地。

5. 迂：绕路。

6. 患：险途。

语译：纵观将领带兵打仗，从国君交付任务，到组织军队，一直到两军对阵，彼此驻军建立营垒的这个阶段（在此之前是"庙算"阶段，比实力；之后是"接战"阶段，比战术），最困难的部分莫过于"军争"（行军抢占险要之地，或选择有利之战场）。军争的难处在于，绕远路其实是最快的路线，走险路其实是最有利的路线。所以，善用兵的将领选择绕路，并利诱敌人来到我方有利的战场，比敌人后出发，却比敌人先到达（计划中之战场），这才是深谙"以迂为直"计谋的将领啊！

兵家诠释

蒋百里：庙算已定，财政已足，外交已胜，内政已饬，奇正之术已熟，虚实之情已审，然后出兵。然而在接战之前，抢先争取战场地利就是最重要的一桩工作。

杜牧：选择绕道，是让敌人懈怠，并诱敌以利，分散敌人注意力。然后我军倍道兼行，出其不意，就能后发先至，争得险要之地。

张预：争得战场上形势险要之地者胜。先引兵走远路，再以小利迷惑敌人，让敌人未料到我军抢进，又贪图小利，才能后发而先至。能够后发先至，就是最善于计算的将领。

实战印证

战国时，秦军攻击韩国的阏与。赵王派赵奢领军前往援救。赵奢大军离开邯郸（赵国都）三十里，下令"提出军事建议者一律处斩"。秦军得知赵军出发，派出牵制部队攻击赵国的武安（河南），赵奢军中于是有人提出要"急救武安"，赵奢立刻下令处斩。

赵奢驻军二十八天不前进，反而加强营垒防御工事。秦军间谍探知，回报秦军将领。这边赵奢估计秦将已经认定"赵军怯懦不前"，这才下令急行军，一日一夜前进到距离阏与五十里的地方。直到赵军构筑营垒完成，秦军才接获探报，立即全军赶往对战。

有一位军士许历请求"提出军事建议"，赵奢叫他入帐，许历先提"稳住阵脚，避秦军锋锐"，赵奢采纳。许历"请求处斩"，赵奢说"打完仗再听令"。许历再建议"先占领北山制高点者胜"，赵奢又采纳，派一万名赵兵先上北山。秦兵后到，仰攻北山，不利于战，赵奢主力军出击，大破秦军，解阏与之围。迟滞行军也是"以迂为直"的一种方式，等到敌军松懈才急行军、抢占北山，就是后发先至了。

名句可以这样用

赵奢急行军，是"卷甲而趋"成语典故的出处；凌敬建议迂回攻击，是"如入无人之境"典故的出处。

《中文经典100句：兵法》

作者：公孙策

中文简体字版 © 2018年由北京微言文化传媒有限公司出版、发行。

本书经城邦文化事业股份有限公司【商周出版】授权，同意经由北京微言文化传媒有限公司，出版、发行中文简体字版本。非经书面同意，不得以任何形式任意重制、转载。

图书在版编目（CIP）数据

兵法 / 公孙策著．— 上海：上海三联书店，2018.11

（中文经典100句）

ISBN 978-7-5426-6466-2

Ⅰ．①兵… Ⅱ．①公… Ⅲ．①兵法–名句–鉴赏–中国–古代 Ⅳ．①E892.2

中国版本图书馆CIP数据核字(2018)第202500号

中文经典100句：兵法

著　　者 / 公孙策
总 策 划 / 季旭昇

责任编辑 / 朱静蔚
特约编辑 / 李志卿　王焙尧
装帧设计 / 微言视觉工坊 ｜ 苗庆东　许艳秋
监　　制 / 姚　军
责任校对 / 朱　鑫

出版发行 / 上海三联书店
　　　　　（200030）上海市徐汇区漕溪北路331号中金国际广场A座6楼
邮购电话 / 021–22895557
印　　刷 / 山东临沂新华印刷物流集团有限责任公司

版　　次 / 2018年11月第1版
印　　次 / 2018年11月第1次印刷
开　　本 / 889×1194　1/32
字　　数 / 247 千字
印　　张 / 10.25
书　　号 / ISBN 978-7-5426-6466-2 / E · 9
定　　价 / 49.80元

敬启读者，如发现本书有印装质量问题，请与印刷厂联系0539–2925680。